走近新科学

海 洋

主　编：于今昌
撰　稿：于　洋　岳　玲
　　　　王明强　高　天
　　　　叶　航

图书在版编目(CIP)数据

海洋 / 于今昌主编. -- 2版. -- 长春：吉林出版集团股份有限公司, 2011.7 (2024.4 重印)
ISBN 978-7-5463-5738-6

Ⅰ.①海… Ⅱ.①于… Ⅲ.①海洋学−青年读物②海洋学−少年读物 Ⅳ.①P7-49

中国版本图书馆 CIP 数据核字(2011)第 136934 号

海洋 Haiyang

主　　编	于今昌
策　　划	曹　恒
责任编辑	李柏萱
出版发行	吉林出版集团股份有限公司
印　　刷	三河市金兆印刷装订有限公司
版　　次	2011 年 12 月第 2 版
印　　次	2024 年 4 月第 7 次印刷
开　　本	889mm×1230mm 1/16　印张 9.5　字数 100 千
书　　号	ISBN 978-7-5463-5738-6　　　定价 45.00 元
公司地址	吉林省长春市福祉大路 5788 号　邮编 130000
电　　话	0431-81629968
电子邮箱	11915286@qq.com

编者的话

科学是没有止境的，学习科学知识的道路更是没有止境的。作为出版者，把精美的精神食粮奉献给广大读者是我们的责任与义务。

吉林出版集团股份有限公司推出的这套《走进新科学》丛书，共十二本，内容广泛。包括宇宙、航天、地球、海洋、生命、生物工程、交通、能源、自然资源、环境、电子、计算机等多个学科。该丛书是由各个学科的专家、学者和科普作家合力编撰的，他们在总结前人经验的基础上，对各学科知识进行了严格的、系统的分类，再从数以千万计的资料中选择新的、科学的、准确的诠释，用简明易懂、生动有趣的语言表述出来，并配上读者喜闻乐见的卡通漫画，从一个全新的角度解读，使读者从中体会到获得知识的乐趣。

人类在不断地进步，科学在迅猛地发展，未来的社会更是一个知识的社会。一个自主自强的民族是和先进的科学技术分不开的，在读者中普及科学知识，并把它运用到实践中去，以我们不懈的努力造就一批杰出的科技人才，奉献于国家、奉献于社会，这是我们追求的目标，也是我们努力工作的动力。

在此感谢参与编撰这套丛书的专家、学者和科普作家。同时，希望更多的专家、学者、科普作家和广大读者对此套丛书提出宝贵的意见，以便再版时加以修改。

目 录

海水的颜色

　　在不同的海疆,海水的颜色也有差异:蔚蓝色、深蓝色、浅蓝色……在海洋学家,特别是海洋军事科学家的眼里,海水的颜色还不是如此简单。它的颜色并非固定不变,而是变幻无穷。一般人总以为晴天的海是浅蓝色,阴天的海是暗色。那么,星空下的夜色海面,黑色漂浮物一定是难以发现了。事实上,舰艇涂上浅灰色和白色比黑色更难发现,这就无怪乎世界上的舰艇涂浅灰色的越来越多了。

　　海的颜色与人的视力方向也有关系。垂直向下看,海是黑色,在海面下向上看,海是白色并且闪闪发光的,而在四五百米以下的海水,则几乎为黑色。为了得到海水颜色的保护,躲在大洋下的潜艇,常涂上三种不同的颜色。从上往下看的方向,涂上黑色;从下往上看的方向,涂上浅褐色;水平方向涂上浅灰色。这样,潜艇不管在水面航行或是在水下航行,都能得到很好的颜色保护。海水的颜色与自然环境也有关,晴天起风浪,海面明暗差别很大,阴天却变化较小,显得明亮。海的颜色与环境污染情况关系更大。晴朗的中午,400米以下的赤道处海水,相当于星光下的海面亮度。但在海岸、港口等被污染的海水,15米以下的海水就看不见了。

各种颜色的海

我国海水的透明度以西沙海域最大，在20～30米之间，渤海的透明度最小，只有3米左右，东海透明度为5～10米。而世界上最清澈的海是大西洋百慕大群岛附近的马尾藻海。这里的海水透明度高达66.5米。最高透明度能达72米。当天空晴朗时，如果把照相底片放在1000米深处，仍能感光。

与此相反，有些海不但不清澈见底，而且带有各种色彩。位于非洲和阿拉伯半岛之间的红海，由于海里生长着一种红色的藻类，当这些藻类大量繁殖的时候，水的颜色也随之变红，所以成了"红海"。位于我国的渤海与东海之间的黄海，由于受黄河浑浊泥沙的影响，海水变成了黄色，被人称为"黄海"。位于沙特阿拉伯和伊朗之间的绿海，因为海里有过大量绿色藻类，曾是亚洲有名的绿色水域，所以被称为"绿海"。位于俄罗斯的科拉半岛附近的白海，是北极海的一部分，由于整年被冰雪所包围，一眼望去，洁白的一大片，同时，那儿还有太阳不落的白夜，"白海"的名字由此而来。位于俄罗斯和土耳其之间的黑海，面积42万平方千米，由于这个海的海底积聚着大量黑色的污泥，从水面向海底望去，呈现一片黑色，再加上海上常常风大浪急多风险，就被人们取名为"黑海"了。

海平面凹凸不平

通常认为,大洋表面应是一个平坦的旋转椭圆球面,并且把海平面作为地球各处高度计算的基准。实际上,它一刻也不"平"。潮汐是大家熟知的一种水位变化,它是由天体(主要是月球和太阳)引潮力引起的。除此以外,还有以下各种原因。

风:离岸风使水位降低,向岸风使水位增高。如台风往往引起水位陡涨。

气压变化:气压升高水位下降,气压下降水位升高。

长波作用:长波作用引起的水位变化是由气压效应衍生的,在圣彼得堡沿海有时可达5米。

非均衡水循环过程:非均衡水循环过程主要指蒸发、降水等,这些因素的变化能引起水位变化。

海水密度变化:密度增加时水位下降,密度下降时水位上升,而密度随水的温度和盐度变化而变化。

人类经济活动:由于工农业和生活用水,使海水水位下降。

冰川进退:气候变冷时,冰川扩大,海面下降;气候转暖,冰川融化,海面上升。

海啸:1960年智利的一次巨大海啸,海水先是迅速下降,不久骤涨,继而又退,退了又涨,持续达半天之久。同时海啸又以很快的速度横越太平洋,到达日本时最大浪高8米多,海水进入陆地达40多米。

海上会出现"光轮"

1909年6月10日夜间3点钟，一艘丹麦汽船正航行在马六甲海峡上。突然间，船长宾坦看到海面上出现了一个奇怪的现象，一个几乎与海面相平行的"光轮"旋转着，过了好一会儿，"光轮"才消失。

有趣的是，"海上光轮"的大部分目睹者都是在印度洋或印度洋的临近海区，其他海区鲜有发生。

如何解释这种奇怪的现象呢?人们做了各种推论和假设。有人认为，航船上的桅杆、吊索、电缆等的结合可能产生旋转的光圈;海洋中的浮游生物也会引起美丽的海上发光;两种海浪的互相干扰还会使发光的海洋浮游生物进行一种运动，也可能产生旋转的"光圈"……但遗憾的是，上述种种假设，似乎都不能令人满意地解释那些并不是在海上表面，而是在海平面之上的空中出现的"光轮"现象。

于是，又有人猜测，"海上光轮"是由于球形闪电的电击而引起的现象;也有可能是其他某种物理现象所造成的。但这也只是猜测，谁也不敢加以证实。

人们对这种变幻莫测的"海上光轮"了解得还很少，需要海洋工作者和科学家做大量的调查工作，收集更多更新的资料，以便早日解开这个谜。

海　火

　　就像陆地上有萤火虫一样，海洋里也有能够发光的生物，而且种类更为繁多。生活在汪洋大海里的细菌、甲藻、放射虫、水母、头足类软体动物(乌贼、章鱼)、鱼类等，都有不少种类是能够放光的。

　　要是你有较多的机会泛海远行，那么，一种叫夜光虫的小小的动物，还没有菜籽那样大，属于甲藻门。在月黑波不平的夜晚，当它们在水面大量群集的时候，就会使广阔的海域闪闪发光，萤火万点，蔚为壮观。

　　根据生物学家的研究，海火有三种，它们彼此是不同的，第一种叫火花状海火。它是包括夜光虫在内的一些原生动物和无脊椎动物的发光所造成的。这种海火昼灭夜明，月光会使它减弱，海水的扰动(是浪打、鱼游和船开)，却又使它加强。第二种是发光细菌所造成的乳状海火。细菌的发光是不分昼夜的，而且比较稳定。第三种海火是头足类和鱼类发的光。这些动物往往利用发光来求偶、猎食和防敌。比如有一种乌鲗，一旦受敌攻击，就施放发光雾幕，当敌人扑向光幕，它就立即组织反击，或者乘机逃走了。

深海里的浮云

夜里升起白天下降的深海浮云，到现在还是个难解的谜。

这种令人莫测的海洋现象，早在 20 世纪 30 年代末期，就被人们发现了。各国的海军军舰，先后发现在海面下几百米深的地方，有一种能够干扰高频声波的浮云，它既不是鱼群，也不是敌人的潜水艇。

1945 年，美国加利福尼亚州斯克利普海洋学研究所的海洋生物学者马丁·约翰逊，发现了浮云在夜里会向浅层上升，白天却向深层下降。不久，又发现了这种浮云在任何地区的深海里都有。最令人不解的是，深海浮云经常分成两层，在清晨形成第一层以后，大约经过 20 分钟，下面又形成了第二层。后来，科学家又发现，除能够上下升降移动的浮云以外，在一定深度的水层里，还有一种稳定不动，也能干扰声波的云层。现在人们已把这种奇怪的云层，改称为"干扰声波的深水层"。

漂浮在深海里的浮云究竟是由什么物质形成的呢？有的学者认为是由小虾等浮游生物或小鱼类群集而形成的。对于稳定不动的云层，则认为是由于海水的沉降，深水层里形成了不调和的水团，在交界处悬浮着无数的微生物残骸和沉积的尘埃的结果。但直到目前，还无法肯定它究竟是由什么物质形成的。

发光的深海鱼

　　生活在海洋深处的鱼类，怎样在极其暗淡的光线下识别同类，寻找配偶和觅食呢?原来，许多鱼类都像萤火虫那样，有着发光的本领。不同的鱼类，发出标志不同的亮光，靠着这些亮光，在同一鱼类中可以互相传递信息，并诱骗其他鱼类作牺牲品，或者用以摆脱捕食者。发光是深海鱼类赖以生存的重要手段之一。

　　有人发现，在大海的某些深度区，95%的鱼类都能够随时把光发射出去，有的甚至能够连续发光。在茫茫的海面上，也常常可以看到发光的鱼群把一片水域照亮。隐灯鱼可以算是一种典型的发光鱼类。它的眼睛下方有一对可以随意开关的发光器,发出的光芒能在水中射到15米远。

　　在海洋深处，有一种名叫鮟鱇的雌鱼，在它的口里长着一条柔韧的长丝，活像一条小小的钓鱼竿，这条长丝的末端能够发出光来，在黑暗的深海中宛如一盏明灯。鮟鱇鱼就是靠着这根长丝来诱捕小鱼的。当小鱼在黑暗中发现这盏灯时，往往出于好奇而游上前去，于是，鮟鱇鱼便把灯收拢到自己的口内，并张开大口来等候小鱼自投罗网。这种会发光的鱼，就是依靠这种办法来生存的。有些鱼类的头部有腺体性发光器，当它遇敌逃跑的时候，能发出光雾，以迷惑敌人。

进行海浪预报

　　海浪主要是风力作用下的海水往复运动。这种运动产生巨大的能量，它影响着在其周围海区作业和航行的船舶。据计算，当海浪的平均波高3米，周期7秒时，每平方米的海面上，将产生63千瓦的功率。这时在海上作业的石油钻井平台，就不能升降或转移，不然就有颠覆的危险。有些吨位大，抗浪力强的船只，虽然不会被浪涌吞没，但它在浪涌中航行，能源的消耗也将增加，比如，一艘航速18海里／小时的船只，在平均浪高6米的情况下，它的航速将下降4海里／小时左右。为此，海浪预报部门，专门为海上石油钻探、远洋船的运输等部门做出特殊的预报，帮助他们选择节能而又安全的航线。

　　波浪的周期对船舶也是一大危害。各种不同周期的海洋波浪产生出不同的振动频率。每条航行中的船舶也都有一定的自振频率。当船舶的自振频率与海浪的振动频率相一致或接近时，就会出现共振现象，将使船体破裂，甚至沉没。因此，在做海浪预报时，一般都同时报出海浪周期，使各种船只避开可能的共振区域。

　　我国的海浪预报工作早在20世纪60年代就已经开始。当时主要向国内的交通、渔业、石油勘探、国防等部门做海上作业提供海浪情报。后来使用无线电传真手段向国内外播发海浪图。

洋流的形成

在浩渺的海洋里，有一些沿一定方向流动的大规模水流，被称为洋流。有趣的是，洋流和陆地上的河流一样，有它的长度、宽度和深度。洋流的长度往往有成千上万千米，深度为几百米，其宽度相当可观，通常在几千米到几百千米之间。那么，这些洋流是怎样形成的呢？

风是海水流动的主要动力。由于海水的连续性，一个地方的海水被吹走了，邻近的海水必然流来补充，因此形成了表层洋流和深层洋流。比如说，热带洋面上几乎终年吹着从东向西的信风，使大量海水沿信风方向流动，这样就产生了东西方向的赤道洋流。我们知道，海水的温度、盐度和密度因地而异，而水的密度和水温、盐度有关。水温高，密度就小；盐度浓，密度就大。赤道一带海水密度小，它不断上升，沿着海面奔向密度较大的地球两极。两极密度较大的海水不断下沉，又沿着海底向海水密度小的赤道附近流动，如此便形成了深层洋流。此外，地球的自转、大陆轮廓和岛屿分布以及海底地貌等，都与洋流的形成有密切的关系。

上升流与渔场

上升流也称涌升流,和许多类型的海流一样,也是风造成的。在近岸海域,风从岸上往海中刮,造成局部海水离开原地,受风部位相对形成一个水凹。这个水凹不能像在辽阔的大洋中一样,尽快得到周围海水的补充。于是,为了维持海面的相对平衡,风下方的底层海水就势必从深处涌升到表层,担负起填充水凹的任务,形成了垂直涌升的上升流。上升流都发生在海岸附近,在横向吹刮的信风和季风盛行的海岸附近,总是有上升流的踪迹存在。不过,和那些平行于海面运动的海流相比,上升流的移动速度十分缓慢,用肉眼是很难观测到的。但是,正是这种慢慢腾腾的海流,能给人类带来巨大的物质财富。

位于太平洋东海岸的秘鲁,20 世纪 50 年代年渔获量不过 10 万吨。然而,谁能料到,1962 年出现了奇迹,无穷无尽的鱼群争先恐后蜂拥而至,渔获量达 696 万吨。原来,秘鲁地处东南信风区域,风造成了秘鲁近岸表层海水的水凹,由于没有表层水进行及时补充,深层海水就乘机上涌,形成上升流。上升流带来大量寒冷的海水,内含丰富的营养盐类,浮游生物的大量繁殖,又为鱼类提供了饲料,这样,大量的冷水性鱼类洄游到这里索饵觅食,形成了一个天然的巨型渔场。

驾驭"海底河流"

经过深海探测，科学家们发现海底的水不仅在流动，而且有的还像地面上的河流一样，朝着一个方向，很有规律。人们称它为"深海洋流"或"海底河流"。了解海底河流的规律，对军事行动有重要意义。

第二次世界大战期间，德国和意大利的潜艇曾利用海底河流，偷渡直布罗陀海峡。这个海峡位于地中海的西边。当时英国人在那里设有一条封锁线，主要是拦截德国、意大利的军舰和潜艇进入地中海。然而，地中海的含盐量高达 3.9%，再加上强烈日光的照射（大约每一秒钟要蒸发掉表面层的海水 10 万吨），海里的盐度越来越浓，水也就越来越重，不断下沉，并经过直布罗陀海峡潜流入大西洋。从地中海流失的水必须得到补充，所以大西洋较轻的水便从上层流过较重的水的上面注入地中海。德国和意大利的潜艇正是利用这些洋流，关上马达溜过英国设在直布罗陀的封锁线的。

近年来，美国、俄罗斯、日本等国，设计了许多利用海中河流考察海洋的器具。例如，美国的富兰克林号，它乘墨西哥湾表面洋流下的海流，用 4 个月的时间，考察了从佛罗里达到马萨诸塞的水下情况。

世界最大的暖流

墨西哥湾暖流是世界大洋中最强大的一股暖流,它比亚洲东海岸的台湾暖流更为强大,影响更深远。

北大西洋的北赤道暖流在由东向西流至安的列斯群岛附近后,循安的列斯群岛和北美洲佛罗里达半岛的东岸北流,称为安的列斯暖流。与此同时,南大西洋的南赤道暖流自东向西流至南美洲东岸后,遇到巴西东部突出的罗克角,被迫分出一部分形成一支向西北流动的支流,它经过圭亚那海岸时称为圭亚那暖流。这股暖流在流经安的列斯群岛后,进入墨西哥湾,再从佛罗里达海峡向东方流出,称为佛罗里达

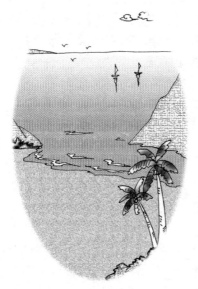

暖流。它和安的列斯暖流汇合后便成为强大的墨西哥湾暖流。墨西哥湾暖流沿美国东海岸北上至哈特勒斯角后,转向东北而与北美洲海岸远离,浩浩荡荡地向欧洲西北流去,它的主流穿过挪威海流入北冰洋。

墨西哥湾暖流对濒临大西洋的北美、西欧和北欧大陆的气候起着巨大的调节作用。

墨西哥湾暖流的规模巨大。它宽60~80千米,厚700米,总流量达到7400万~9300万立方米每秒,比世界上第二条大洋流北太平洋上的黑潮要大将近1倍,超出陆地上所有河流总流量的80倍。

"魔鬼三角"

北大西洋中的百慕大三角,位于美国的佛罗里达半岛南端到波多黎各岛和百慕大群岛之间。这三处地方形成一个三角形海区,三角形各边长度约 2000 千米,被人们称为"魔鬼三角"或"死三角"。因为自 20 世纪以来,就有上百架飞机,400 多条船,连同 2000 名左右的飞机驾驶员、船员和乘客在这里失踪。

1973 年,美、英等国曾在"魔鬼三角"进行"大洋中部动力学实验"。1977 年,美国、苏联等又在这里进行了"多边形洋中动力学实验"。在这两次实验中,科研人员几乎把卫星、飞机、调查船、浮标阵列等现代化海洋观测手段都用上了。通过太空、海面到海下的三维空间观测,获得了几百万次的资料,在电子计算机的协助下,"捕捉"了成群的涡旋。过去,海洋学家一直认为主宰海洋的是大洋环流。1959 年,英国物理学家约翰·斯沃洛在北大西洋使用一种能够稳定在一定水深的中性浮子,出人意料地发现了一个涡旋。翌年,"阿里斯"号调查船,在一个流速为每秒 1 厘米的海流上,居然发现有一个流速为每秒 10 厘米的涡旋。后

来,还发现一个流速为每秒 70 厘米的涡旋。人们认为:偌大的海洋涡旋,具有"盘涡谷转"之势,船只一旦误入,好似坠入"万丈深渊",必然难以自拔。这或许就是"魔鬼三角"船只失踪的一个谜底!

大洋里的涡旋

大洋里的涡旋又称旋涡。它的规模很大，空间规模可达几百千米，持续时间长达两个月。

涡旋的能量几乎占整个大洋平均流速所具有的能量的 99%。它左右着

大洋环流的变化，制约着海洋上许许多多自然现象的发生和发展。它的发现标志着海洋水文物理学由研究平均变化的"气候学式"的时代，迈入了研究逐日变化的"天气学式"的时代。

逆时针旋转的涡旋，它能由下面向上地把底层的冷水带到海面，这就是冷涡旋；顺时针旋转的涡旋，它能由上而下地把海面的暖水带至海底，这称为热涡旋。冷涡旋会把幼鱼冻死，热涡旋又会影响海洋鱼类的洄游，甚至整个海洋生物的分布和捕捞。涡旋的冷热，还能调节大气的冷热，起到"消寒去暑"的作用。水声是海洋中传递信息的主要手段。涡旋能把声波搅得不是折射，就是聚集，"一波三折"，就会给水下作业和潜艇作战带来很大困难。由于它具有重要的科研价值，对国防与生命的关系也极为密切，因此，开展涡旋的研究，标志着人类对海洋的认识更接近现实。查清大洋涡旋的成因以及它是怎样运动的；摸清它的来龙去脉，从而做到事先预报，便可以利用它来为人类造福。

潜浪的产生

人们对海啸和台风造成的巨浪都感到惊心动魄。其实,最厉害的海浪并不是海底地震所引起的海啸,也不是台风造成的巨浪。而是一种运动混乱的海浪。这种宽 192 千米、向下延伸 99 米的海浪,称为潜浪。它存在于海面之下,在海的内部两层海水之间运动,因而这种巨大又不平常的现象,以前从未引起人们的注意。

人们往往把海水看成是一个均匀体。事实并非如此,通常海洋上层的水温暖,含盐较少,下层的水则较冷,密度较大。因此,海洋可被看作有两层海水,层与层之间几乎没有过渡,好像油和水一样。潜浪是一种半波,以每小时 8~9.6 千米的速度,沿着两层水之间的边界移动。温水的波会伸至下面的冷水层,但冷水层却并不进入温水层。它像一个没有波峰,只有波谷的波。当这个波浪移动时,水流做圆形运动:向前并向下,然后向后和向上,如此反复进行。据科学家推测,这些潜浪的巨大力量可能就是过去某些潜艇神秘失踪的原因。他们相信,潜浪可能把潜艇拉到安全工作的深度以下,使它沉掉。

科学家认为,潜浪是由潜潮暖流猛烈地冲击浅滩处的障碍物时或通过狭窄的海峡进入深水区时,引起湍流而形成的。

火山与海底"舞池"

1958 年 11 月,在亚速尔群岛,科学家通过回音探测仪在浅海发现了一座圆锥形的高山。在仪器的磁带上显示出了山顶横向蔓延出来的"云"。它可能是聚集在一起的许多浮游生物,也可能是浓度较大的海水或别的什么东西。用蚌式取样器从山坡上取上来新鲜的火山熔岩。从"云"里也得到水样中含有火山爆发时的少许灰烬和化学物质。这座山是座火山,而且不是一座沉睡的火山。在它上面的海面上,既没有翻滚的波浪,也没有气泡。可见,火山现象的产物是像挤牙膏一样被从火山口挤出来的,其原因就是由于水的压力。

在海洋里,除了活火山外,还有死火山,并且在海底形成"舞池"。原来,在几亿年以前,浩瀚的大洋中有许许多多露出海面的火山,它们的顶部多半由松散或柔软的熔岩构成。随着岁月的消逝,潮汐、波浪、海流、涡旋和飓风等,就像一把巨大的锉刀,从山巅开始,一点点,一层层地把那些熔岩往下"削",结果,就在海底上出现了一座座无顶的山,它的上面便成了一个浑圆、光滑、平整的大型广场。更为奇妙的是,这些圆形"广场",大都有一圈由圆石砌成的窄边。据科学家推测,这很可能是那些火山外层较坚硬岩石的残留物,或石头海滩的遗留。这样的圆形"广场",仅在太平洋中就有 500 多个。

海底热液

海底也和陆地上一样有温泉。源源不断地从海底冒出来的温度较高的泉水，就是海底温泉。海洋地球化学家冠以美名为热液。1977年"阿尔文"号潜艇上的科学家，对4个主要的海底热液和3个表面已停熄了海底热液出口处进行科学考察。科学家通过温度和化学传感器，揭示出海底热液的周围的水温为15℃左右。热液里含有高浓度的硫化氢，这和陆地上的温泉差别不大，只是温度低了一些，所以，不能以温泉相称。海底热液最引人注目的是，出口附近栖居着罕见的生物群落，它们的成员有蛤、贻贝、笠贝，还有须腕动物、蠕虫、蟹等，构成了海底世界又一迷人的奇观。科学家们进一步观测发现，这些生物群落的食物链，基本是硫—氧细菌。

海底热液的"故乡"是微地震十分活跃的扩张脊及断裂带。海底热液含有各种痕量元素，与周围海水及岩石会发生一系列复杂的反应，形成重晶石、蛋白石和火山碎屑构成的稀有水下岩石。特别是后者，不仅富含氮，还富含铁、锰、氢等痕量元素。科学家对加拉帕戈斯扩张中心所形成的600米厚的悬浮物层的样品，进行了化学分析。发现其含锰量比正常悬浮颗粒的含量高50倍，这主要是海底热液在作怪。

海洋里也有瀑布

随着科学技术的发展，通过对海洋深水和底部的探测，我们对海底世界才有了初步了解。

原来，辽阔的海洋洋底，并不是平坦的，而是和起伏多变的大陆一样，山峦重叠，异峰突起，大大小小的平顶山，宽广的海底高原，绵延数万里的海底山脉，遍布全球各大洋。另外，更有宽阔的大陆架、陡峭的大陆坡、巨大的深水盆地、深逾万米的海沟以及奇特的珊瑚岛礁。

近代海洋研究的结果表明，不仅大洋的海底千姿百态，而海底之上庞大水体的奇观异景，更是雄伟壮观。据报道，在格陵兰和苏格兰之间的诸岛附近，发现一个海洋里的大瀑布。

海洋里的这个大瀑布，是北冰洋的冷水急流，从3000米的高度上直泻下来倾入大西洋。科学家研究了这一瀑布的容积，估计在15万立方千米以上，对整个大西洋起着非常重要的作用。至于"瀑布"的成因，人们还没弄清楚。但是，大家知道，北冰洋的水冷流急，水温低，密度大，在与大西洋的交界处，遇到了陡峭的障碍物，飞越而过的海水急剧下沉。这可能是海洋瀑布形成的主要原因。

大陆架与大陆坡

从水陆的分界来说,海岸线确是大陆的边缘了,但从地貌的角度来说,大陆边缘远不限于此。在海面以下,大陆仍以极为和缓的坡度(0.1%~0.2%)向前伸展几十千米,甚至几百千米之遥,这段由大陆陆地向海洋自然延伸、坡度平缓的浅海区域,一般水深不超过200米,称之为大陆架。而大陆坡介于大陆架与大洋底之间,多分布在水深200~400米的海底。大陆坡的底部,才是大陆与海洋的真正分界。在这条分界线的两侧,一边是与陆地具有同样性质的大陆地壳,其上部为花岗岩层,下部为玄武岩层;另一边却截然不同,属大洋地壳,远比大陆地壳薄,而且几乎仅有玄武岩层。大陆架、大陆坡都是大陆的水下延续部分。

从大陆架的发展历史来看,它也和大陆息息相关。在200万~300万年前的第四纪,大陆上曾发生过四次冰期与三次间冰期,冰和水互相转化,因此导致海平面时而上升时而下降。在最近的一次冰期,海平面因大量海水冻结成冰而下降了100~130米。当时的海岸线恰好与现在大部分大陆架的外缘转折点相一致。这一事实表明,那时的大陆架正是当年的滨海平原,我国神圣领土台湾岛曾与祖国大陆连成一片,亚洲大陆与北美洲通过白令海而携手相连。这种沧海桑田的变迁,直到现在还未停息。

岛弧和海沟

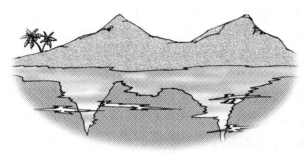

太平洋和亚洲大陆之间那串串念珠似的岛屿呈弧形，镶嵌在太平洋西部的海水之中，这种称为"岛弧"的现象，大西洋和印度洋也有。

岛弧有不少特点，其中最引人注目的莫过于它同深海沟形影不离的现象。岛屿高出海面，有的可高出几千米；深海沟一般都在水面以下6000米，有的深达万米，它也呈弧形，紧贴在岛弧向洋的一侧。岛弧和海沟，一在水上，一在水下，竟然"共生"在一起，组成为岛弧—海沟系，这不能不让人感到惊讶！

据测定，海沟处的热流值很低，重力值也很低。地球表面平均热流值为1.5微卡／平方厘米·秒，海沟处只有这个数的一半，但大西洋和太平洋的大洋中脊，分别为这个数的4～5倍和8倍。海沟处的重力值要比岛弧低得多，这像有人硬要把木块往水下沉似的，说明海沟处一定有一股强大的向下拉的力。这股力是从什么地方来的呢？"海底扩张说"和"板块构造说"认为，地壳之下的地幔物质具有塑性，能缓慢运动。它们在大洋中脊裂谷处上升涌出，不断形成新的大洋地壳，推动大洋板块向两侧移动，海底不断扩张。当大洋板块与大陆板块相碰时，大洋板块插入到大陆板块下，产生一股向下拉的力，形成了海沟。大陆板块却因为受挤压而上拱，产生裂隙，火山物质由此喷发，形成岛弧。

最长的海底山脉

在世界大洋洋底,贯穿着一条连续长为 6.4 万千米的中央海岭体系,有人把它叫作"海底山脉"。由于它常常位居海洋中间,如同大洋地壳的"脊梁",因此科学家又称其为"大洋中脊"。

海底山脉宽如潜伏在海底的巨大苍龙,逶迤连绵于地球上的四大洋。它北起北冰洋的勒拿河三角洲,经极地附近,由斯匹次卑尔根群岛西侧向南延伸,穿过冰岛地堑,成为北冰洋中脊。进入大西洋后,呈曲折的"S"形,向南展开,直至非洲大陆南侧,其位置相当居中,几乎是把大西洋划为两半;中脊的名称,主要由此而来。以后,大西洋中脊经南极洲与非洲之间的布维岛以东进入印度洋,成为印度洋中脊。在印度洋中,中脊向东北方向伸展,在罗德里格斯岛附近分成两支。一支向北,转向西北,进入亚丁湾与红海,最后同东非大陆裂谷地震活动带相连;另一支向东南绵延,在澳大利亚与南极洲之间进入太平洋,发展为太平洋中脊。太平洋中脊的位置偏东,高度低得多了,一般称为东太平洋隆起。它进入北美的加利福尼亚湾,经北美西部,到达阿留申海盆地附近已几乎和盆地相仿了。此外,由复活节岛向东南延伸到智利海岸的智利海底隆起,以及从厄瓜多尔到加拉帕戈斯群岛的卡内基海岭,可认为是太平洋中脊的分支。

海洋的形成

多数人认为，我们的星球从原始太阳星云中脱胎出来的时候已经包含有大量的水。以后，由于引力收缩和放射性元素的蜕变，使地球的温度逐渐升高，地

球原始物质开始熔融，水则以蒸气云的形式包围着地球。当地球冷却时，它们就变成倾盆大雨自天而降，聚集在低洼处形成了海洋。原始物质处于熔融状态时，由于地球自转速度很快（当时一天只有4小时），较重的物质向核心集中，气和水较轻且活动性强，被移向地球以外层。当熔融岩浆逐渐凝固成坚硬的岩石时，含在岩浆中的水被挤压出来，逐渐聚集为大洋中的水。据分析，岩浆在冷凝过程中，可以有6%左右的水溢出来。

另外，火山活动时，地球内部也不断喷出大量的水。一般认为，由于火山活动和岩石的风化，把氯、硫、钙、镁等离子释放到海水中，从而使海水中的含盐量不断增加。据推测，在距今约35亿年前，地球上已出现了海洋。不过，原始海洋里的海水大约只有目前水量的5%～10%。在漫长的地质时期里，海水和盐分不断地累积，到大约距今6亿年时，大洋水的体积和盐的含量大体与现代相近了。

深海平原的形成

跨过岛弧，越过海沟，再往前就到了广阔无垠的大洋盆地。进入大洋盆地，那里又是另一番景象。占据了大洋盆地大部分地区的是广阔平坦的深海平原。在这些深海平原上，分布有

顶部如被巨力削去脑袋的平顶山，有奇峰突起、陡峭峻拔的海峰，以及绵亘千里，两坡壁立的海岭。

深海平原确实异常平坦，在它上面走上千里甚至万里，高差都不超过 1 米。一般认为是海底浊流沉积所造成。深海平原常与矿质、粉矿质和砾石等陆源物质供给丰富的地区相连，陆源物质经海底浊流的搬运，沉积到海盆底部，最终填平掩埋了盆底的起伏。

覆盖在深海平原上的表土，广泛分布着锰铁结核和磷酸盐矿瘤，以及含铜、钴、镍等矿瘤。其所含金属量，为陆地上的几十倍甚至上千倍。有趣的是这种矿瘤生长很快，每年增加的锰就可以供全世界用 3 年。

深海平原的景色是单调的，要想在它的表面找到细微的起伏，确实十分困难。然而，在深海平原的周围，有时又会出现拔地而起、冈峦林立的海峰。海峰都是由火山组成，多呈圆锥形，就如倒覆在海底的巨大漏斗，高出附近海底 1000 多米。海峰露出海面的，就成为岛屿。

海洋最富的地方

从洋面到 200 米深的水层,称为海洋上层。

海洋上层是海洋中最富饶的地方。这里到处是金灿灿的阳光,在近海区,奔流不息的江河将大陆丰富的有机物质挟带而来,使海水变得十分肥沃。这就为海洋植物进行光合作用和大量繁殖,创造了极为有利的条件。于是,这里的藻类植物和各种海带特别茂盛,各种鱼虾蟹贝也相当丰富。与其他水层相比,这里动物的数量是首屈一指的。好多经济价值较高的海洋生物,如水母、鳊鱼、带鱼、鲣鱼、蝴蝶鱼、飞鱼、海龟、旗鱼、箭鱼、金枪鱼、海马、鲸等,都在这儿栖息着。每逢春暖花开的季节,大黄鱼和小黄鱼也成群结队地从深海来到这里。

海面上,常常是海浪滔滔,有些生物就是借助波浪漂游的。海蜇像降落伞似的在海面上浮游漂泊,随波逐流。每年夏季,我国浙江象山一带的海面上,因水母星罗棋布,就像染上了一层银霜似的。

有些鱼还会飞向海空,飞鱼就是其中一种。飞鱼是著名的"海上小飞机",一般的鱼只能在水中游泳,飞鱼却长有两个"小翅膀",能跳出水面,张开"翅膀",在空中滑翔。飞鱼每次能飞四五百米,离水面两三米高,而且飞得很快,100 米只要 5~6 秒钟,比人跑得快得多。

海洋中层

　　一进入 200 米深的水层,碧绿和深绿色的海水,就渐渐变成蔚蓝色,以后又成了暗蓝色,到了 1000 米深的水层,海水已是一片灰蓝色,光线显得十分微弱。这水下 200~1000 米深的水层,就叫海洋中层。

　　为了尽可能地利用微弱的光,生活在这一水层的鱼,眼睛大多长得特别大。有趣的是,有些鱼的眼睛在外形上也变了,向外突起,就像望远镜那样。有些鱼两眼不再位于头的两侧,而是一起朝前或靠上,例如比目鱼。

　　另有一些鱼类则具备了"照明灯"——发光器,以便在茫茫大海中,发现同伴、寻觅食物、找到配偶。发光器多排列在鱼体的两侧,它们闪烁着绿幽幽的光。隐灯鱼可以算是一种典型的发光鱼类。它的眼睛下方有一对可以随意开关的发光器,发出的光芒能在水中射到 15 米远。

　　据调查,生活在海洋中层的鱼数量虽不及海洋上层,但也有 850 种之多。如比目鱼、灯笼鱼、鲨鱼等。

　　乌贼经常在海洋中层活动。乌贼眼大如斗,据记载,最大的乌贼的眼睛,直径可达 38 厘米,而最大的鲸的眼睛,直径也不过 12 厘米。大乌贼有 18 米长,3 万千克重,不仅能把大鲸打败,小船遇上了它,也有危险。乌贼行动神速,其游泳速度超过了一般鱼类。

深海层的物种

从海底 4000 米再往下潜，便是深海层了。随着深度的增加，环境越来越恶劣，食物越来越少，然而深海层并不是一片死寂的不毛之地。

尽管目前对深海层动物的研究很不深入，但 5000 多米深的海底，已经发现长尾鳕和鼎足鱼等鱼类。

许多无脊椎动物，在万米多深的深海沟里也能生存。海星不动声色地静伏在海底，一有动静就突然跃起，用有力的腕插入贝壳，把胃挤进去，慢慢地消化比它大好几倍的牺牲者。身上尽是黑皮疙瘩的海参，平时躲在石头隙里。你别看它进攻的本领不强，遇到敌害时，却有一套巧妙的"分身术"，把肚肠抛出，转移敌对者的视线，自己却乘机逃生。不到一两个月，又会长出新的内脏。

在万米深的海底，静水压强可达 1000 多个大气压，深海动物居然能在如此巨大的压力下生活自如，这不能不说是一大奇迹。研究表明，深海动物之所以能适应高压，是因为它们的身体有着特殊的结构，表皮多孔具有渗透性，海水可以直接渗入细胞里，身体内外保持着压力平衡，当然压力再大也不在话下了。

最深的地方

在 19 世纪以前，由于各种技术条件的限制，人们对海底地形还不可能全面地了解，因此，认为大洋海底犹如大铁锅的锅底一样，最深的地方应该在海洋中心。

20 世纪 30 年代，科学家应用回声探测仪在大西洋等地做了上万次精确测量发现，大西洋底整个中部是一个由北到南连绵延伸的巨大海底山脉，由 2~3 个平行的山峰组成，某些峰顶还高出水面成为岛屿，海底山脉的规模超过了陆地上的阿尔卑斯山或喜马拉雅山系。太平洋、印度洋中心也有这样巨大的海底山脉，称为大洋中脊或中央海岭。海底最深部分分布于海洋边缘，深度超过 6000 米，最深可达上万米，称为海沟。

为什么海洋最深的地方偏偏是在接近大陆的海洋边缘呢？原来大洋中脊是海洋地壳上的一个巨大断裂带，是地幔物质(岩浆)的出口，相当于裂隙形式的火山口，也是新海底的发源地。地幔物质不断地从中脊裂谷涌出，冷凝后就形成新的海底(岩石圈)，像火山锥那样在出口两侧堆积起来，形成高大的海底山脉。这里不仅地形特殊，而且地震也很活跃。新海底就像被载在传送带上一样，逐渐离开中脊向两侧移动，当达到大陆边缘和海洋的接触处，海底向下俯冲，然后没入到地幔中，于是就在俯冲带形成了深邃而细长的海沟。

深海是天然冰箱

　　1968年10月16日,世界闻名的美国深海研究用潜水艇"阿尔文"号,在一次意外的海上事故中,不幸被狂风恶浪吞没,尽管艇内的驾驶员和科学家死里逃生, 可是这条功勋卓著的潜艇却沉没于1540米的深海之渊。在耗资10万美元和历时11个月之后,这艘曾以打捞海底氢弹而名扬四海的海上佼佼者,终于浮上水面重见天日。在对"阿尔文"号进行检查时,人们发现了一个令人大惑不解的现象:艇内装有各种食品的饭盒虽然饱经11个月之久的海底沧桑, 可是盒内食品依然如故,色香味俱佳。

　　那么,这些盒饭在深海海底为什么没有腐败呢?这个奇特的现象强烈地吸引着科学家去揭开大自然奥秘的欲望,驱使着他们决心解开其中之谜。经过了数年的研究,答案终于找到了。原来引起食物腐败的微生物在深海的高压下(海洋深度每增加10米,压力就增加1个大气压),它们的代谢强度大大地降低了,一般只有大气中的1%;而且深海海底的温度也比较低,大约在3℃,也就是说与一般冰箱的温度差不多。在这样的低温高压下,当然食物就不容易腐败了。

海洋会变成"荒漠"

　　随着现代工业的发展,20世纪50年代以来,许多有害物质的废弃物排进海洋,海洋的污染越来越严重起来。

　　海洋被污染后,受到严重破坏的先是水产资源,许多经济鱼类品种急剧减少,甚至绝迹。因为海洋污染,美国有8%的海域所产的贝类不能食用。因为海洋被污染,使日本的某些海域高级鱼产量大大下降,低级鱼增多,并出现了不少畸形海洋生物,如无尾的带鱼,带肉瘤的海螺,发黄的沙丁鱼等。更为严重的是,某些海域赤潮频繁发生,甚至出现"死海"和"海洋荒漠"。如日本的洞海湾,原是风光绮丽的游览区,由于每天有400万吨有害废水倾注在此,已被糟蹋成无鱼的"死海"。在地处北欧斯堪的纳维亚半岛上,纵横交错的河流小溪经瑞典和挪威注入波罗的海。它们并不像世界上多数入海河流那样流经人口稠密、土地得到充分开垦的广阔地区,而是流经寂静的带有原始色彩的森林地区。正是这些森林地区的纸浆厂和造纸厂排出的污水成了危及波罗的海的污染源,使这个海域出现了无生物区,多种鱼类绝迹,正在变成"海洋荒漠"。世界各地也有一些海域,正在遭受跟波罗的海同样的厄运。

海底生物的生存

　　1977年以来，美、法等国的海洋学家乘坐深水潜艇进行海底考察。有一次，他们乘"加尔文"号来到太平洋加拉帕戈斯群岛附近的海底，"加尔文"号的机械手不断采集着标本。他们惊奇地发现，这里的海底也有生物在活动着：血红色的蠕虫在蠕动着，就像一根根塑料管；蛤正张着壳，等待着食物来临……

　　海底生命靠什么为生呢？在海底的某些地方，不断有热泉涌出，热泉周围的水温较高，常常达十几摄氏度。水中有许多微生物。蠕、蛤、贻贝就以这种微生物为生，而它们自己又成为蟹等动物的食料。

　　那么，微生物又靠什么生存呢？原来，海水中的硫酸盐在高压和一定的温度下会变成硫化氢。海底有一条大裂谷，不断把地球深处炽热的岩浆带出来，不仅提供了热量，而且也提供了生成硫化氢的含硫物质。硫化氢是一种有毒的气体，微溶于水，有一股臭鸡蛋的味道。不过，海底的微生物不仅没有被硫化氢毒死，相反，它以硫化氢为食物，进行着新陈代谢。

　　热泉是海底生命的源泉，就像清泉常常是沙漠绿洲的源泉一样。因此，热泉附近生机盎然，远离热泉的海底，则到处是一片荒凉死寂。

红树林直面海潮

在海南岛有一种奇异的森林，它不长在高山幽谷，也不长在肥沃的平原水乡，而是长在一般植物难以生长的港湾烂泥盐碱滩上。涨潮时，它被海浪淹没，只露出点葱绿树梢在水面上晃；潮退尽，它赤裸裸地出现在烂泥滩上，任凭海风吹，烈日晒，巍然挺立，枝叶繁茂。它就是被人们称为"海底森林"的红树林。

红树林为什么能较长时期地经受海潮的浸泡和冲击？它自有一套独特的适应本领。首先红树林中的树木长着许多形状离奇的支柱根、板状根和呼吸根，它们盘根错节，纵横交错、千姿百态，牢牢插入海滩淤泥之中。其次，红树等植物，叶子长得厚实，如皮草一般，可以反射阳光，减少蒸腾，其叶背有短而紧贴的茸毛，可以避免海水浸入。同时，其叶面上还有排盐线，通过它可以把体内的盐分排出来。这些都是红树类植物长期适应海滩生活的结果。红树林像一座座绿色长城一样，防护着海岸，免受海水和风暴的侵蚀，被人们赞誉为"海岸卫士"。红树林还可以扩展海岸，形成新的陆地，因此又有"造陆先锋"的美称。红树林的下面，有良好的生活环境，是鱼、虾、蟹的自由王国。

海水有咸有淡

世界各地海洋,盐分含量各异。有的海域盐分很高,有的海域盐分很低,浓淡之差可达 130 多倍。世界上最淡的海,是北欧的波罗的海,盐度含量仅 6‰左右,该海北部和东部的一些水域,盐度只有 2‰;世界上最咸的海,是亚非大陆之间的红海,盐度可达 40‰,个别海底地方,盐度达 270‰,几乎成了饱和溶液。

波罗的海和红海,两海一淡一咸,究竟是什么原因使它们具有这么大差别呢?说起原因,不妨让我们对它们的成因先来做个比较。

波罗的海,纬度较高,气候凉湿,蒸发微弱。周围有维斯瓦、奥得、涅曼等大小 250 条河流注入,每年有 472 立方千米的淡水收入。这些对保持淡水环境非常有利。加上四面几乎为陆地所环抱的内海形势,盐度较大的大西洋水体,也很难对淡化了的波罗的海海水特性有所改变。地处北回归线附近的红海,情况则大为不同。红海纬度偏低,又居干热地带,盐度自然很高。科学家又进一步发现,红海在其发展的历史沿革中,曾有几度海进海退现象。海进时期,封闭的浅海或海滨泻湖环境,有利于高浓度的海水储存保持;海退时期,浅海(包括泻湖)干涸,海底又形成了很厚的盐层。今日海下的饱和性盐水,盐分就是由海底的古盐层供应的。

大洋里也有咸水湖

在大洋里还有咸水湖。这一个奇妙的现象很可能叫人费解，海洋的水本来就是咸的，怎么其中还会有个咸水湖呢？

几位美国科学工作者，在墨西哥湾的路易斯安那州沿岸发现一种不寻常的咸水。对这一海区的进一步探测研究证明，在深度约为 250 米的海底，有一个长 24 千米，宽 16 千米的海域，其海水的盐度至少比普通海水高 10 倍。这一层水厚约 150 米，实际上是一个盐场。这个奇异现象的原因是海底有一个巨大的盐丘，然而它溶解得很慢，因为这里海水的水体相互掺和进行得极为缓慢。

那么，海水中的盐是从哪里来的呢？长时间以来，人们认为，海水里所含的各种盐类，是由河流在千百万年中一点一点地带到海洋里的。然而，这一假说的支持者却不能解释，为什么海水中盐的成分与河水中的盐的成分相差那么悬殊。该假说的支持者对此也不能自圆其说。后来又有一种新的说法：海洋中盐分的来源是海底火山爆发。海洋学的研究证明，海底火山远比陆地上的火山多得多，而在火山喷出物中，就含有可溶解化合物，其化学组成与海盐十分相近。

厄尔尼诺现象

厄尔尼诺和拉尼娜是西班牙语"圣子"和"仙女"的音译,有时也翻译成"耶稣的小男孩"和"耶稣的小女孩"。它们是指南太平洋东西两侧海水温度异常变化引起的自然现象,温度升高时为厄尔尼诺,温度降低时为拉尼娜。

科学研究证明,厄尔尼诺是南太平洋秘鲁海域海水增温导致的大规模海洋和大气相互作用的一种自然现象,厄尔尼诺的出现频率一般为2~7年,持续时间在半年到一年左右。但细心的人不难发现,1991年到1997年的时间内曾发生34次厄尔尼诺事件,并且体现了速度快、强度大、持续时间长的特征,这是否像人们所说的是人类不合理的活动造成地球环境恶化的结果呢?科学家认为,厄尔尼诺是自然界气候变化的一种自然现象,目前还很难说这是人类活动的影响,人类活动恐怕还达不到这么厉害的程度。

气象学家告诫人们:海洋是大气的母亲,地球的自转运动使得大气与海水相互作用,导致海洋里的暖水和冷水对流,出现厄尔尼诺和拉尼娜现象,我们应该加强科学预测,利用这一自然规律调节生产,安排生活。

拉尼娜现象

拉尼娜是赤道东太平洋海表水温异常降低的现象,正好与厄尔尼诺相反,所以也称反厄尔尼诺现象。

拉尼娜对天气是否有影响?回答是肯定的,但其影响威力远不及厄尔尼诺。

拉尼娜对台风活动有影响。有关资料分析表明,在拉尼娜期间,西太平洋(包括南海)活动的台风和影响我国的台风都比较多,而在厄尔尼诺期间,却出现相反的情况。在拉尼娜年份,西太平洋(包括南海)台风总数平均为 26.2 个,登陆我国的台风数 7.4 个;而厄尔尼诺年份平均为 21.4 个和 5.2 个。造成台风偏多的原因有三个:一是西太平洋海表水温相对比较高;二是西太平洋上空的空气对流相对比较旺盛;三是横贯在太平洋上的副热带高压位置偏北,紧靠着副热带高压南侧的热带辐合带的位置也偏北,而台风相当多数是在辐合带中的低压或云团发展起来的,这些条件都有利于台风活动。

拉尼娜发生与赤道偏东信风加强有关。偏东信风加强,赤道洋流受信风推动,从东太平洋流向西太平洋,使高温暖水不断在热带西太平洋地区堆积,成为全球海水温度最高的海域。相反,在赤道东太平洋表层比较暖的海水向西输送后,深层比较冷的海水就来补充,因此,造成了东太平洋海表水温偏低。

台 风

　　台风的故乡是在菲律宾群岛以东和琉球岛东南的海面上。那里属于热带，太阳直射海面，海水被晒得很热，海面上的湿热空气就向高空直升，周围较冷空气乘势一齐朝中心活动。由于地球自转所发生的偏转作用，就形成了一个大规模的反时针方向旋转的涡旋，湿热的空气不断上升，四周空气围着它打旋的力量不断增强，台风就这样形成了。台风的中心部分叫台风眼。台风这种猛烈的大风暴，直径能达到好几千千米长，风力一般在10级以  上，在海洋上能掀起山岳般的巨浪，万吨巨轮也要远远地避开。台风登陆后，随之产生狂风暴雨，冲毁海坝和江堤，拔树倒屋，造成重灾。台风之所以有这样大的破坏力，是因为它蕴藏着巨大的能量。

　　台风的移动是有规律的，发生在西太平洋的台风有三条路径：第一条路径是从菲律宾以东洋面一直向西移动，经过我国南海，在广东沿海或越南沿海一带登陆，主要在6月前和9月后活动较盛。第二条路径是从菲律宾以东洋面向西北偏西方向移动，登陆台湾地区，横穿台湾海峡，在福建、浙江沿海一带再次登陆，或向西北方向移动，穿过琉球群岛，在浙江、江苏沿海一带登陆后再转向东北方向。这条路径的台风，在七八月份活动较盛。第三条路径是从菲律宾以东洋面向西北方向移动后再转向东北朝日本移去。

台风的利与害

　　每年夏至以后,西太平洋的台风活动就频繁起来了。特别是7月、8月这两个月,台风侵袭我国的机会最多。台风是我国的主要灾害天气之一。的确,狂暴的台风挟带着暴雨,它的破坏威力是巨大的。在它中心经过的区域里,拔树毁屋,淹田翻舟,往往造成很大损失。至今还没有一种力量可以完全制止台风的破坏,避免台风所造成的损失。然而台风带给我国人民的仅仅是损失吗?看来还不能这么说。

　　在我们国土的各个地区,雨水一年四季的分布是极不均匀的。盛夏期间,我国华北、东北地区上空正在长时间的季风雨带控制之下,而对于长江以南的大范围地区,却正是雨水顿减的时候,天气闷热,水分蒸发很快,每年这时,水稻的生长常在干旱的威胁之下,这个少雨的时期常常要一直持续到9月份,等到季风雨带从北方撤回江南以后旱象才能解除。这个少雨期正处在三伏盛暑中间,所以人们也叫它伏旱。每年伏旱的久暂,这是多方面的条件来决定的,但台风却常常是缓和或解除旱象的重要因素。

　　一般而言,台风所挟带的大量水分却在湖南、江西、福建、浙江、湖北、贵州、广西等地区造成大量的降水。在干旱的七八月间,这些地方的全部雨量中绝大部分是这样来的。

浅海是平坦的

从地图上看，海洋包围着大陆，浩瀚广阔，无边无际。海洋，这个浩瀚无边的水域，互相连通，是个统一整体。因此，人们也把它叫作世界大洋。世界大陆，却没有统一的大陆，陆地被水包围，成为大小不同的岛屿陆地。

海洋是水的王国，它确实也大得惊人，其面积有 36 174.3 万平方千米，占地球总面积的 70.92%，几乎为陆地总面积的 2.5 倍。海水的体积也有 1.285×10^{18} 立方千米，占全球水量的 97%。海水重量在 1.3×10^{18} 吨。海洋的平均厚度为 3810 米；而陆地的平均海拔才 340 米。虽然海洋的平均深度有几千米，但是，在大陆的边缘，海水常常是比较浅的。我们把深度在 200 米以内的海叫作浅海。

大洋的底部常常起伏不平，但浅海的底一般都很平坦，它微微向海洋倾斜，倾斜的角度平均不过六七十度。浅海的底为什么总是比较平坦的呢?这与海浪的作用有关，海浪能够影响到海面下 200 米以上的地方，把海底高过 200 米的部分冲刷削平，再把破碎的沙石搬到 200 米以下的地方堆积起来，使海底变得平坦。另外，河流也带来了大量的泥沙，把海底填平。所以，浅海的海底一般都是比较平坦的。

海里生命的循环

生命起源于海洋。我们在海洋里可以找到包括哺乳动物在内的几乎所有主要的动物种类。鱼仅是海洋大家庭成员中的一小部分。海洋里已知的鱼有2万种,而海洋里的软体动物就有4万种。

海洋里有着难以计数的用显微镜才能看见的植物。这些微小的植物在水中自由漂浮,总称浮游植物。这些浮游植物是海洋里的小动物——浮游动物的食物。而浮游动物又是更大的海洋动物的猎物。海洋动物的尸体经过海洋里细菌的分解,变成各种营养盐,又成了浮游植物赖以生存的必需食品。海洋里的生命就是这样重复循环的。海洋里的水不是静止不动的。它也像陆地上的河流那样,成年累月沿着较为固定的路线流动着,这就是海流。

在海流交汇的地方,以及在有上升流和沿岸流的地方,由于这些海流带来了丰富的营养盐以及必要的冷水,从而促进了海洋植物的生长,这就使浮游动物有了繁殖的适宜条件,吸引了大量的鱼虾。所以,世界上大多数大渔场都在海流经过的区域。

海水里的蛋白质

科学家乘坐观测船在北太平洋、印度洋、南极海等处，从海洋表层到海深4000米处采集海水。用过滤器从海水中除去盐类后，再用能将海水中蛋白质浓缩10~100倍的电泳法检测，结果在所有采集到的海水样品中都检测出了蛋白质。这些蛋白质约有30种，分子量从1~10万。根据对蛋白质中氨基酸排列的分析，除了分子量为4.8万的蛋白质和细菌细胞膜中的特殊蛋白质"嘌呤P"基本相同外，其余都是至今地球上还没发现过的来历不明的蛋白质。

据科学家推测，海水中蛋白质总量约有1亿吨以上，大约和海洋磷虾和小虾等动物性浮游生物的总量相当。由于蛋白质重量的约一半是碳元素，因而可以说同时发现了一座"新的碳元素贮藏库"。由于地球规模的碳元素循环和地球温暖化有关，所以这一发现十分令人注目。我们知道，海洋是"水的王国"，其海水体积达1.285×10^{18}立方千米，占全球水量的97%；海水重量达1.3×10^{18}吨。如此浩瀚无际的海水，果真含有1亿吨以上的蛋白质，这是一笔多么巨大的资源和财富啊！就凭这一点，就足以说明为什么人类要向海洋大进军了。

最大的大洋

　　在世界四大洋中,太平洋最大。其面积为 17 967.9 万平方千米,占世界海洋总面积的 49.8%,等于其他三个大洋面积的总和,比陆地面积的总和还大,占全球面积的 35.2%。太平洋不仅大,而且深,是世界上最深的大洋,平均深度为 4028 米。世界上深度超过 6000 米的海沟共有 29 个,太平洋就占了 20 个。世界上水深超过 1 万米的六大海沟,全部都在太平洋里。它们分别是克马德海沟(10 047 米)、日本海沟(10 374 米)、菲律宾海沟(10 497 米)、千岛海沟(10 542 米)、汤加海沟(10 882 米)和马里亚纳海沟(11 034 米)。马里亚纳海沟的查林杰深渊,为地球的最深点。

　　太平洋是世界上水量最大的大洋,它储存的水体有 7 亿立方千米,占全球水体的一半以上。太平洋还是世界上最暖的大洋,表面水温年平均可达 19.1℃,比世界大洋表面的平均水温高出 2℃;太平洋的边海在世界上也是数量最多的,大小有 20 个。世界上最大的海——珊瑚海,也属于太平洋;太平洋有大小岛屿数万座,南太平洋就有 2 万个以上。

　　浩渺的太平洋是海洋资源的巨大宝库,渔获量占世界总量一半以上。

大西洋的环流

大西洋是地球上四大洋之一，位于欧洲、非洲与南北美洲之间，南接南极洲、非洲与南北美洲之间，北以冰岛附近的威维亚·汤姆孙海峰同北冰洋分开，略具"S"形。

大西洋是世界第二大洋，面积9336万平方千米，平均深度3626米。海底中央部分有显著隆起，南北伸延，略呈"S"形，称"大西洋海岭"。海岭都隐没在水下3000米以下，只有少数山脊突出洋面形成岛屿。

在盛行风系的推动下，南北海流各成一个环流。北部环流为顺时针方向，由北赤道暖流、墨西哥湾暖流、加那利寒流组成；南部环流为反时针方向，由南赤道暖流、巴西暖流、西风漂流、本格拉寒流组成。

墨西哥湾暖流，简称"湾流"，是北大西洋西部最强盛的暖流。沿北美洲东海岸自西南向东北运行，流势很盛。在佛罗里达海峡中，深度约为700米；出海峡至佛罗里达半岛的东、南岸外宽约170千米，流速为每昼夜130～260千米，对北美洲东部的气候有显著的影响，并延续为北大西洋暖流。

通过高纬度寒流的带动，南部和北部的夏季浮冰可分别抵达南北纬40度左右，威胁航行安全。

大西洋表面平均温度为16.9℃，比太平洋、印度洋都低，但在赤道海域的水温仍高达26℃左右。

盛产石油的大洋

印度洋是世界第三大洋。位于亚洲、南极洲、非洲与大洋洲之间，面积 7491 万平方千米。大部在南半球。平均深度 3897 米，最大深度为爪哇以南的爪哇海沟，达 7450 米。印度洋的大陆架面积较小，主要分布在波斯湾、澳大利亚西北部和中南半岛西部沿海。大部分位于热带，水面平均温度 20℃～26℃，平均盐度 34.8‰。红海高达 45‰，是世界上盐度最高的海域。

印度洋南部的海流比较稳定，形成一大环流，由南赤道暖流、马达加斯加暖流、西北漂流、西澳寒流组成。北部的海流因季风影响，冬夏流向相反。冬季反时针方向，夏季顺时针方向。

印度洋北部沿岸，海岸线曲折，多海湾和内海，其中较大的有红海、波斯湾、阿拉伯海、孟加拉湾、安达曼海、萨武海和澳大利亚湾。印度洋上还有许多大陆岛、火山岛和珊瑚岛。

印度洋的海洋资源以石油最为突出。波斯湾、红海、阿拉伯海、孟加拉湾、苏门答腊岛与澳大利亚西部的沿海都蕴藏有海底石油，波斯湾是世界海底石油最大的产区。

印度洋的地理位置特别重要，它是沟通亚洲、非洲、欧洲和大洋洲的交通要道。

北冰洋的冰层

　　北冰洋是地球上四大洋中最小的大洋。大致以北极为中心,介于亚洲、欧洲和北美洲的北岸之间。面积 1310 万平方千米。经白令海峡通太平洋,以威维亚·汤姆孙海峰与大西洋分界。罗蒙诺索夫海岭把它分成两个海盆。平均深度 1200 多米,最大深度 5449 米。

　　北冰洋表面温度大多在 −1.7℃左右,大部分海面常年冻结。但来自北大西洋的暖流,因盐度较高,下沉至深度 100～900 米处,形成中间温水层,温度在 0℃～1℃。表面盐度较低,为 30‰～32‰。

　　北冰洋是个非常寒冷的海洋,洋面上有常年不化的冰层,占北冰洋总面积的 2/3,厚度多在 2～4 米。在这些冰层上不仅可以行驶汽车,而且还能降落重型飞机。北冰洋的严冬长达半年之久,最冷季节的平均气温在 −40℃。而且越接近极地,气候越寒冷,冰也越厚。在极顶附近,冰层厚达 30 多米。

　　北冰洋的战略地位很重要。越过北冰洋的航空线,大大缩短了亚洲、欧洲和北美洲之间的距离。由于严寒,北冰洋区域里的生物种类极少。植物以地衣、苔藓为主,动物有白熊、海象、海豹、鹿、鲸等,但数量已日趋减少。

南 大 洋

南大洋是指南极大陆周围的海洋区域,即大多数现行世界地图所标示的太平洋、大西洋、印度洋的南端一带海域。总面积约7500万平方千米,大于北冰洋,与印度洋相当。南大洋的北界是"南极辐合线",大致位于南纬45度一线;南大洋的北界为南极大陆海岸线。

南大洋及其南极洲是富饶的。勘察表明,在南极表面不毛之地的冰雪下面,蕴藏着220多种矿物,其中主要的矿物有金、银、铜、铁、镍、铂、锡、铅、铀、锰、锌、锑、钍、煤、石油、天然气、石墨、石英、金刚石等。在南极洲东部分布着世界最大的煤田,面积为100万平方千米的维多利亚煤田。估计南极煤的总蕴藏量大约为5000亿吨。在南大陆查尔斯王子山脉周围200千米区域,还有一个世界最大的磁铁矿床,100米厚的矿床延伸120千米,含铁量为35%～38%,足够全世界开采200年。

特别富有诱惑力的是南极大陆及大陆架的石油和天然气,整个南极洲西部大陆架的石油藏量为450亿桶,天然气大约有320亿立方米。

南极最引人注目的动物资源是磷虾、鲸鱼、海豹、企鹅、海鸟等。

红海含盐量高

世界各地海洋，盐分含量并不完全相同。有的海域盐分很高，有的海域盐分很低，浓淡之差可达130多倍。世界上最咸的海是红海，盐度可达40‰，个别海底地方，盐度达270‰，几乎成了盐的饱和溶液。

红海位于亚洲阿拉伯半岛和非洲东北部之间。南经曼德海峡通印度洋的亚丁湾。北端分为两个海湾：东为亚喀巴湾；西为苏伊士湾，并借苏伊士运河连地中海。长2100千米，最宽处在300千米以上，面积43.8万平方千米，平均深558米，中部最深达2514米。8月南、北水温分别为32℃和27℃。

红海含盐量高的主要原因，是这里地处热带、亚热带，气温高，海水蒸发量大，而且降水较少，年平均降水量还不到400毫米。红海两岸没有大河流入。在通往大洋的水路上，有石林岛及水下岩岭，大洋里稍淡的海水难以进来，红海中较咸的海水也难以流出去。科学家还在海底深处发现了好几处大面积的"热洞"。大量岩浆沿着地壳的裂隙涌到海底。岩浆加热了周围的岩石和海水，出现了深层海水的水温比表层还高的反常现象。热气腾腾的深层海水流到海面，加速了蒸发，使盐的浓度愈来愈高。

科学家还进一步发现，海下的饱和性盐水，盐分是由海底的古盐层供应的。

地中海是陆间海

伴随着亚欧板块和非洲板块间的相对运动,地球上这个古老的"特提斯海"残迹——地中海,今后面积将进一步缩小。不过,从目前来看,地中海作为"陆间海"的资格,还是绰绰有余的。地中海东西长约4000千米,南北最宽1800千米,面积约250.5万平方千米,平均深度约达1600米,是世界上最大的陆间海。

近年来,科学家驾驶科学考察船,在地中海的深水下钻了许多深孔,取得了丰富的海底资料和有趣的发现。在海底不同地点和不同深度上发现了沉积层中存在石膏、岩盐和其他矿物的蒸发岩,测定其年龄距今700~500万年之间。从现代晒海盐可以知道,要在封闭的盐场中使原生海水的90%以上蒸发完,才能沉淀出盐来。由此可以推断,距今约900万年前,地中海的确是一片干涸荒芜的沙漠。在蒸发岩之上,又覆盖一层海相沉积物和深海软泥,说明地中海干涸之后,再度被海水淹没。随着板块碰撞的继续发展,直到距今约800万年前的第三纪末期,地中海才处于完全闭合状态。

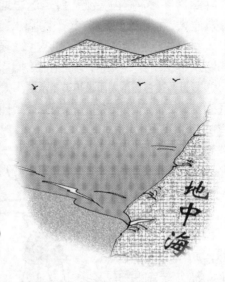

波罗的海的海水

波罗的海的海水含盐度只有 6‰ ~ 8‰，大大低于全世界海水的平均含盐度 (35‰)；波罗的海各个海湾的盐度更低，只有 2‰ 左右。那么，波罗的海的海水为什么这么淡呢？

波罗的海平均深度才 86 米，体积仅 3.3 万立方千米。通过卡特加特海峡、斯卡格拉克海峡与大西洋相通。在波罗的海与卡特加特海峡之间，有厄勒海峡、大贝尔特海峡、小巴尔特海峡，这三个海峡最窄处相加在一起的宽度才 14.5 千米，水深仅几十米。可见，波罗的海与大西洋之间的海水交换是很微弱的。波罗的海海水的主要来源是靠下雨和大量河水的流入。它位于北纬 54 ~ 66 度之间，气温较低，年蒸发量仅 200 毫米左右，换句话说，一年约蒸发掉 80 立方千米的水。但海区及其周围陆地受北大西洋暖流影响，空气湿度较大，年降水量达 600 毫米左右。可见，仅海区的降雨，每年就可补充 200 多立方千米，降水量远远超过蒸发量。况且，面积不大的波罗的海周围还有维斯瓦等大小 250 条河流注入，每年有 472 立方千米的淡水收入。这样，年淡水注入量大大超过年蒸发量，如此长年累月，大量的淡水就把波罗的海冲淡了。

世界上最大的海

　　在太平洋西部，紧靠澳大利亚东北沿岸一带，有个珊瑚海，它的面积为479.1万平方千米，几乎相当于加拿大领土的一半，这是地球上最大的海。

　　珊瑚海最惹人注意的要算是珊瑚了。这些只有大头针针头那么大小的无脊椎动物的石灰质骨骼，构成了珊瑚礁和珊瑚岛，珊瑚海就是因此而得名的。珊瑚生活在洁净透明和盐分很大的海水中，深度不超过60米，温度不低于20℃。珊瑚从海水中吸取碳酸钙。珊瑚通常生在离大河河口很远的地方，因为在大河河口，河水把海水搅浑，不利于珊瑚的生长。珊瑚海之所以盛产珊瑚，就是因为这里没有一条大河流入。在珊瑚海里能见到三种著名的珊瑚礁：岸礁、堡礁和环礁。要知道，一般珊瑚礁"高度"有好几百米，而珊瑚海里的活珊瑚在海水中的生活深度总共不过几十米。这是怎么回事呢？原来，珊瑚群体能够以每年3.5厘米的速度"向上生长"，而珊瑚海在某些地区的地壳，却以相当的速度下降。千万年以来，珊瑚礁的上涨速度和地壳的下降速度大致相同，因此，环礁的基底目前都深达几百米。珊瑚群体的"下层"逐渐死去。在世界各海中，珊瑚海深度虽不是最大的，但它的海水总体积达1147万立方千米，为世界之冠。

红海是最热的海

世界上海水最热的海是亚、非之间的红海。红海是一个长 2100 千米，平均宽度约 290 千米，平均深度为 558 米，最深处达 2740 米的深海，面积 43.8 万平方千米。最特异的地方却莫过于它的"热"了。世界海洋表面的年平均水温为 17℃，红海的表面水温 8 月份可达到 27℃～32℃，即使 200 米以下的深水，也有 21℃左右。更奇特的是深海盆内的水温竟高达 60℃！上部的水温也有 44℃，简直成了海中"热洞"。

红海高温的原因，人们很容易用它所处的干热环境来做解释，即地处北回归高压带区，腹背受阿拉伯半岛和北非热带沙漠气候影响，常年闷热，水面总是热乎乎的。然而，海底受气候条件影响小。单就上述原因解释还是不能令人信服的。要知"热洞"蹊跷，还得从其他原因去寻找。

自从海底扩张和板块构造学说问世以来，人们认为非洲和阿拉伯半岛之间，地壳下存在着地幔物质对流，对流物引起地壳张裂便形成今天的红海。这种破裂带和东非大裂谷同为一带，张裂作用已进行了 2000 万年之久。目前，仍然以每年 1 厘米的速度继续扩张。海底扩张形成了地壳裂缝，岩浆沿裂隙不断上涌，对海底岩石加热，因而海水底部水温很高。

海水最冷的海

　　南极是世界上最冷的地方。南极的平均气温可达 −49.3℃。在南极高原内陆极点附近,寒季气温可低到 −72℃。1967 年,挪威科学家在南极点附近,测得了 −94.5℃的最低气温值。

　　南极洲也是世界风极。全洲平均风速是每秒 17 米,相当于风力八级。由于南极半年是白昼,半年是黑夜,阳光极少,即使在暖季,太阳辐射也特别弱,因此在极地高原上堆积了很多很强的冷空气。它与四周低压带之间形成了很强的气压梯度。气压梯度是造成南极寒潮暴发的原动力。寒潮的高原沉斜坡向四周沉海奔泻下来,便形成了下降风,再加上冰面光滑,对空气流动阻力很小,所以越到沉海,风力就越大。

威德尔海是南极最大的海。它是南极洲的边缘海,是南大西洋的一部分。在南极半岛同科茨地之间。南部有菲尔希内尔陆缘冰,面积约 800 万平方千米。北部海水很深,其中南桑德事奇海沟最深处达 8428 米。威德尔海的海水,不断受到来自世界“极寒地区”(南极大陆)冷风、冷冰“袭击”,因此,海水终年很冷。冷海水比温海水比重大,冷水下沉后,使上部温海水再度冷却,如此反复交换,致使整个海域特别寒冷,海面水温常在 0℃以下,经常出现冰层。

透明度最好的海

　　马尾藻海,地处北大西洋北纬 20～35 度,西经 40～75 度间广大的海域,由墨西哥湾暖流、北赤道暖流和加那利寒流围绕而成。面积 600 万～700 万平方千米,为一椭圆形。平均深度在 4500 米。由于海面生长着茂密的马尾藻,故名"马尾藻海"。

　　马尾藻海是世界上透明度最高的海域。这儿的海水透明度,几乎与蒸馏水的透明度相近。世界大洋透明度高的地方在热带海区,一般为 50 米。而马尾藻海的透明度却达 66.5 米,该海的某些海区,透明度竟达 72 米。在晴天,把照相底片放在 1083 米深处,底片甚至也能感光。湛蓝的海水,像水晶一样。如此良好的透明度,在世界其他海域,是见不到的。

　　马尾藻平铺于茫茫大海,从高空飞机上俯瞰,宛如一片碧绿的草原,显得非常壮观。这儿远离大陆,江河影响很少。由于气流缘故,海区内部成为一个终年无风和无洋流区,海面异常平静。平静的海面,使水中的悬浮物质(不是海藻)很容易下沉。因此,马尾藻海成为世界上透明度最好的海。

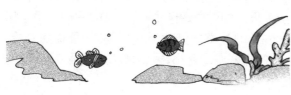

世界上最浅的海

亚速海是世界上最浅的海。亚速海是黑海的一个支海。

黑海是欧洲东南部和小亚细亚之间的内海。东北以刻赤海峡通亚速海,西南经博斯普鲁斯和达达尼尔两海峡通地中海。面积为 42 万平方千米,平均深度约 1200 米,南部最深处 2212 米。有多瑙河、第聂伯河等流入。盐度约 17‰~22‰。冬季北岸结冰。

亚速海位于俄罗斯和乌克兰之间,面积为 3.8 万平方千米。平均深度只有 8 米,最深的地方有 14 米,是世界上最浅的海。海水的总体积为 256 立方千米,只有我国渤海的 1/7。原来,使亚速海变浅的原因是河流泥沙的淤积。每年顿河都会把 50 万立方千米的淡水汇入海中。水中带来大量泥沙淤积下来。而亚速海像个瓶子一样,只有一个小口通向黑海。所以,水在上面流向黑海,泥沙沉入海底。由于亚速海太浅,所以一遇大风浪,海水便把海底淤泥卷起,呈现黄色或黑色的淤泥带,长期浑浊不清。

我国的海洋

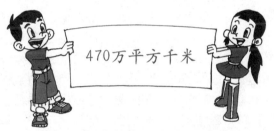

470万平方千米

我国渤海、黄海、东海和南海四个海的总面积约为 470 万平方千米。

渤海位于辽宁、河北、山东、天津三省一市的包围之中，它三面环陆，只有东面与黄海相通，所以，又叫它"内海"。渤海的面积约 7.7 万平方千米，平均深度约 18 米，最深处是 70 米，是四个海中最小、最浅的海。

从渤海出来就进入黄海。黄海北自鸭绿江口，南到长江口，南面与东海相接。沿岸有辽宁、山东和江苏三省。由于黄海除渤海海峡外，也可看成是三面环陆，只有南面是海，所以，又叫半封闭海。黄海的面积约 38 万平方千米。平均深度约 44 米，最深处为 140 米。

自长江口北岸到韩国济州岛一线，向南至广东省南澳岛到台湾地区本岛南端一线，这一辽阔的海域，就是我国的东海。东海的面积约 77 万平方千米，平均深度约 370 米，最深处为 2700 米。

南海又叫南中国海，是我国四海中最大的一个海，水也最深。北以广东南澳岛经澎湖列岛至台湾东石港一线为界，东至菲律宾，南至加里曼丹岛，西南至越南和马来半岛。南海的面积约 350 万平方千米，平均深度约 1212 米，最深处为 5567 米，是四个海中最大、最深的海。

世界最大的海湾

　　海洋吞噬大陆，或是大陆吞食海洋，结果会在大陆边缘形成许多海湾。在世界范围内，总面积在100万平方千米以上的海湾有5个，而超过200万平方千米的海湾只有1个，那就是孟加拉湾。

　　孟加拉湾位于印度洋东北部，在印度半岛同中南半岛、安达曼群岛和尼科巴群岛之间，是太平洋和印度洋之间的重要海上通道，宽约1600千米，面积217.2万平方千米。水深2000～4000米，南部较深。盐度是20‰～34‰。有恒河等注入。

　　孟加拉湾是热带风暴孕育的地方。一般认为，这种风暴大多发生在南、北纬5～25度的热带海域。产生在西太平洋，常常袭击菲律宾、中国、日本等国的叫台风；产生在大西洋，常常袭击美国、墨西哥等国的叫飓风。每年4～10月，即当地夏季和夏秋之交，猛烈的风暴常常伴着海潮一起到来，掀起滔天巨浪，风急浪高，大雨倾盆，造成了巨大的灾害。

海　峡

浩瀚的海洋被陆地分割为四个大洋,大大小小的岛屿又星罗棋布地点缀在洋面之上,分割着洋面,凡联结两个大面积水域的狭窄通道就是海峡。换句话说,海峡就是夹在两个陆地之间连接两个海或洋的狭窄水道。

千千万万的海峡在世界储运上所居的地位是不一样的,一般说来,可分为下列几种:

大洋之间,洲际的海峡——如马六甲海峡,是太平洋和印度洋交通的捷径,是亚、非、欧三大洲海上交通的要冲,由于苏伊士运河的通航,直布罗陀海峡、曼德海峡也具有洲际海峡的地位。

唯一通道的海峡——如波斯湾通印度洋的霍尔木兹海峡、黑海通地中海的黑海海峡。

位于重要航线的海峡——这类海峡和附近沿海国家的经济、贸易有密切的关系,如波罗的海通向北海、大西洋的海峡;地中海、加勒比海地区的一些海峡;东非的莫桑比克海峡;太平洋的巴士海峡等。

只有局部意义的海峡——如印度与斯里兰卡之间的保克海峡,新西兰南、北岛之间的库克海峡等。

不在重要航线上的海峡——如南美洲与南极洲之间的雷德克海峡,库页岛与大陆之间的鞑靼海峡等。

受冰封影响航运价值不大的海峡——主要聚集在两极地区的海域,如白令海峡、丹麦海峡等。

世界最长的海峡

　　海峡是海陆间的咽喉,在航运和战略上都具有重大意义。全世界海峡有 1000 个之多。

　　非洲大陆和马达加斯加岛间的莫桑比克海峡,是世界上最长的海峡,长 1670 千米,为马六甲海峡的 2 倍。平均宽 450 千米,最窄处 386

千米,北端最宽 960 千米。大部水深 2000 米以上,最深 3533 米。峡区有莫桑比克暖流通过, 气候炎热多雨, 两岸物产丰富,呈现一派热带风光。

　　据地质学家研究,大约在 1 亿多年以前,马达加斯加岛是和非洲大陆连在一起的。后来地壳变迁,岛的西部下沉,才形成了这条又长又宽的海峡。因为莫桑比克海峡既宽又深,所以能通巨型轮船。从波斯湾驶往西欧、南欧和北美的超级油轮,都是通过这条海峡,再经好望角驶往各地的,因此它是南大西洋和印度洋之间的航运要道。苏伊士运河开凿前,莫桑比克海峡是亚欧海上的重要航道。苏伊士运河凿通后,由于该运河通行 20 万吨以上油轮尚有困难,莫桑比克海峡每年仍有 2.5 万只船舶从这儿通过。

　　西欧所需的 50%以上的石油,和美国所消费石油的 20%,都需经这条航道运送。海峡北口中部的科摩罗群岛和西南岸的马普托港,都是航运的战略要地。

海岸线会变动

气候的急剧变化，引起的世界洋面水位的升降，是造成大范围海岸线变动的原因。自距今二三百万年的第四纪，曾有过数次全球性的气温下降，形成了四次冰期。冰期时，不仅南北极冰天雪地，即使在中、低纬度地区，如我国长江流域的庐山、黄山也冰雪封山，成了一座座亭亭玉立的冰山。试想，地球上那么多液体水成了固体冰，当然会造成海面普遍下降。第四纪中最近一次冰期海面就曾下降了100米。

地壳的升降运动是造成局部地区海岸线变化的又一因素。如果沿海的某一地区处于地壳隆起带，那么，海岸线就会向内陆退缩；反之，海岸线向海中伸展。

海岸线的变动还有着其他因素，诸如特大的潮灾、地震、海啸，可以在瞬间破坏海塘，毁坏海岸，造成海岸线的突变；长时间过度抽吸地下水，以及交通、高层建设、负荷太大等人为因素也会引起地基沉降，造成海岸线向陆地退缩。

岛屿的形成

　　散布在汪洋大海之中的岛屿，大致可分为大陆岛、火山岛、珊瑚岛和冲积岛。

　　大陆岛在远古的时候曾经是大陆的一部分，此后由于海水的上涨，或者地层的下降，使它和大陆分隔开来，形成岛屿。这种岛屿往往就在陆地附近，它的岩石构成和地表形态同邻近的大陆十分相似。

　　火山岛的形成与火山活动有密切关系。宁静的大海底部有时会突然发生火山爆发。一时间，炽热的岩浆和气体，连同沸腾的海水一道冲

天而起，伴随着发生了海啸。这些火山喷出的熔岩和其他碎屑物质在海底不断堆积，最后竟然露出水面，形成火山岛。

　　我国辽阔炎热的南海海面，散布着 200 多个宝石般的岛屿、暗礁和暗沙。这些都是无数代珊瑚虫的"杰作"。老一代的珊瑚虫死亡了，新一代的珊瑚虫就在这遗骸上继续生长繁殖。一代又一代，

终于构造了巨大的珊瑚礁，当它们彻底露出海面后就成了珊瑚岛。

　　我国的长江日日夜夜挟带着巨量的泥沙奔赴东海。江水一进入海洋，海潮的顶托使长江的流速大为减小，于是河水中所挟带的泥沙便在江口沉积下来。这种由江河带来的泥沙所冲积而成的岛屿，叫作冲积岛。

人体血液和大洋水

水是生命的载体，生命是水的特殊王国。生物的进化过程总是同水联系着的。水要占人体体重的65%左右，如果身体失水超过体重的20%，人就会死亡。所以说，水是人体里最重要的一种成分。婴儿身体含水量就更多了，高达80%。胎儿在母腹中发育的全过程，重复着人类的整个发展史，也是生命发展的缩影。

科学研究证明，人和动物的血液与大洋水的元素组成很相近。例如，人血含氯占溶解总盐量的49.3%，大洋水是55.0%；含钠占溶解总盐量的30.0%；大洋水是30.6%；含氧占溶解总盐量的9.9%，大洋水是5.6%；含钾占溶解总盐量的1.6%，大洋水是1.1%；含钙占溶解总盐量的0.8%，大洋水是1.2%。

这一发现促使人们把血和海水联系起来进行深入研究。研究发现，血的矿化度即单位血液中溶解盐类的总量是9克/升，与30亿年以前的海水成分相同。那正是第一批生物迁往陆地的时期。从某种对比的意义上说，人体内仍然流动着一种原始的水。为了使失血过多的患者起死回生，医生总要给患者静脉点滴生理盐水，即0.9%的氯化钠溶液，就矿化度来说，这正是原始的大洋水。

海洋动物的血液

科学家曾在南极海中发现一种特殊的鱼类，它们的血液是无色的。在一般鱼的血液中，含有5%~9%的氧，而在这种白血鱼的血液中，只含有0.7%的氧。实际上，鱼的肌体是不可能从这种贫乏的血液中吸取什么营养的。然而这种"缺氧血"又是怎样生存的呢? 科学家们的回答是：冷水中所含的氧要比温水中的含量多，例如，当水温为 0℃时，水中的含氧量要比在 30℃时多一倍。况且在低温条件下，肌体氧的消耗量一般很低。所以，在冰冷的南极海水中，这种白血鱼是自觉舒适欢快的。但是，一旦水温升高，它们会自然死亡。

我国福建、广东的海边，有一种动物叫"鲎"，俗名叫"马蹄蟹"。它的血液就是蓝色的。海蟹、毛蟹、对虾，它们的血液是青色的。海鞘和墨鱼，它们的血液是绿色的。深海的海底岩石上居住着一种扇鳃鱼，它的血液可以由红变绿，由绿变红。

动物的血液为什么会有这么多的颜色呢? 原来，血液的颜色是由血色蛋白含有的元素所决定的。含铜元素的叫作血蓝蛋白，使血液呈蓝色；含钒元素的叫作血绿蛋白，使血液呈绿色；含铁元素的叫作血红蛋白，使血液呈红色……各种动物在进化的过程中，各自形成了不同类型的血色蛋白，血液呈现五颜六色也就不足为奇了。

在海洋中取淡水

在北美佛罗里达半岛的东海岸，有一片水域，其颜色、温度都与周围海水大不相同，后来发现这是海中的淡水区，于是，过往船只常来此补充淡水，人们把它称为"淡水囊"。据考察，这个区域的海底是个小盆地，盆地中央有一水势极旺的泉眼，每秒钟大约喷出4立方米的淡水。

在非洲西海岸航行的船只，也能在刚果河以西几十千米的大西洋中取得淡水。这里也有泉眼吗？没有。如果潜到海洋底部去考察一下，就会发现，这里的海底有一条宽阔的河谷，淡水正是沿着海底河谷从大陆源源不断地涌入海洋。这条河谷是刚果河河槽延伸到大西洋底的部分。

为什么刚果河的水能在海洋中流到几十千米远的地方，而且形成一个淡水区呢？原来，刚果河流域所在的刚果河盆地，正处在赤道附近，降水非常丰富，这就为刚果河提供了充足的水源，盆地四周许多条河流的水都汇注到刚果河中。刚果河的长度为4370千米，比我国的长江要短得多，可是它的河水流量却比长江大得多。刚果河河口处每秒钟流出的水约3.9万立方米。刚果河的下游，河床又窄又陡，汹涌的河水就像脱缰的野马直向大西洋冲去，源源不断的淡水涌进大西洋的怀抱，于是就在洋面上形成了一片淡水海区。

大海不会干涸

海洋像一只无比巨大的"汽锅"，在太阳照射下，不断地蒸发。据估计，每年从洋面上蒸发到空中去的水量，达到44.79万立方千米。这些水蒸气的极大部分(约41.16万立方千米)在海洋上空凝结成雨，又重新降落回海洋里。另外有极小一部分蒸汽被气流带到陆地上空，在适当的条件下凝结，变成雨雪降落下来。这些降落到陆地表面的水，一部分渗入地下，变成地下水；一部分重新蒸发回空中；另有一部分沿着陆地表面形成小溪和江河。它们在陆地上虽然经历着不同的旅程，但是归根到底，最后还是注回海洋。这一部分参加海陆间水分循环的水，每年大约有3.63万立方千米。

如此算来，在现代的气候条件下，大洋里的水每时每刻都在变化着、运动着，但它的总量却不会有多大变化，根本不会干涸。

不过，在漫长的历史过程中，海水是会有时变浅，有时变深的。最近100万年以来，地球上的气候就经历着3～4次强烈的变化。气候变冷的时候，参加水分循环的水大多凝结成冰，流回海洋中去的水减少了，使海水变浅。在气候变暖的时候，大陆上的冰雪融化得很多，大量的水流进海洋，海面上升，海水会变深。

海洋也是资源

我们应树立海洋资源概念。有专家认为,海洋中的生物资源、能源、化学资源相当可观。甚至有人断定,以溶质形式存在的一些液体矿藏,其数量要高于陆地上可开采的同类元素固体矿物质之总和。我国海域是海洋生产力高值区,渔场面积280多万平方千米,主要经济鱼类1500多种。海岸曲折多湾,良港聚集,可供选择建设中级以上泊位的港址160多处。近海大陆架石油储量约300亿吨,天然气14万亿立方米。沿海有宜晒盐滩地8400多平方千米,滨海平原区地下还分布有大量浓度高、易开采的卤水。我国沿海分布丰富的可开采矿,如锆石、独居石、钛铁、沙金、金刚石等60多种。我东南沿海具有丰富的潮汐、波浪、温差与盐度差等洁净可再生能源约5000万千瓦以上。

我国沿海地跨热、亚热与温带三个气候带,同时具备阳光、空气、沙滩、海水和植被五大旅游要素,有滨海旅游景点1500多处,其中有16个历史文化名城,25处国家重点风景名胜区分布在这里。

海底会生成石油

　　蕴藏在海底的石油和天然气是有机物质在适当的环境下演变而成的。这些有机物质包括陆生和水生的繁殖量最大的低等植物，死亡后从陆地搬运下来，或从水体中沉积下来，同泥沙和其他矿物质一起，在低洼的浅海环境或陆上的湖泊环境中沉积，形成了有机淤泥。这种有机淤泥又被新的沉积物覆盖，埋藏起来，造成氧气不能自由进人的还原环境。随着低洼地区的不断沉降，沉积物不断加厚，有机淤泥所承受的压力和温度不断增大，处在还原环境中的有机物质经过复杂的物理、化学变化，逐渐地转化成石油和天然气。经过数百万年漫长而复杂的变化过程，有机淤泥经过压实和固结作用后，变成沉积岩（也叫水成岩），形成生油岩层。

　　沉积岩最初沉积在像盆一样的海洋或湖泊等低洼地区，称为沉积盆地，沉积盆地在漫长的地质演变过程中，随着地壳运动所发生的"沧海桑田"的变化，海洋变成陆地，湖盆变成高山，一层层水平状的沉积岩层发生了规模不等的挠曲、褶皱和断裂等现象，从而使分散混杂在泥沙之中具有流动性的点滴油气离开它们的原生之地（生油层），经"油气搬家"再集中起来，储集到储油构造当中，形成了可供开采的油气矿藏。所以说，沉积盆地是石油的"故乡"。

海上石油勘探

目前我国在海上勘探石油和天然气,主要以地震勘探为主,协调配合重力、磁力和测深等地理物理勘探,进行综合海洋地质调查。

海洋地震勘探法是利用精密的地震仪,接收由炸药或非炸药震源激发引起地壳弹性震动所产生的地震波,探索地震波在岩层中传播的规律,测定海底岩层的埋藏深度和起伏形状,探索海底的储油构造,了解矿床分布情况,寻找油气田。采用这种勘探方法,每日可完成100多千米的剖面测线长度。

海上勘探石油一般需经过三个阶段:首先是在未工作过的海域进行综合海洋地质地球物理的区域勘查,以提供海底沉积岩地层界面资料,划分海底沉积盆地的轮廓范围,圈定油气远景区;然后对综合勘察所发现的构造带进行石油普查,以查明地质构造的分布与特征,并发现局部构造;最后在局部构造上进行详察,为海上石油钻探提供井位。

海上钻井与采油

通过海底勘探，找到了海底油气藏。在它的下面埋藏着几十米甚至几百米厚的不同性质的油层。一个油气田有几层到几十层油田，油层以成千上万含油矿岩体形式存在，油气就储蓄在这种有孔隙和裂缝的岩石里。

为了摸清海底油田的"家产"，首先要把许多口钻井的地层资料，根据油层的不同特点划分出来，再运用钻井取(岩)芯、地球物理测井和试油等多种方法，求得对油层面目的全面认识。然后再计算出油田的地质储量，把地质储量乘上采收率，就得到石油的可采储量。当侦察清海底油气田后，就可打开沉睡四万年的海底石油宝库，进入开采阶段了。这时，被称为"黑色的金子""工业的血液"的原油和天然气，就会滚滚流出来。它是由气体、液体和固体所组成的"大家族"，其中深褐色的原油具有一定的黏度，凝固点高，在 20℃以下流动性差，30℃以上流动性好。从油井中采出来的油气，经"采油树"的喷油嘴到水套加热炉，进行加热保温，降低黏度，增加流动性，然后进入油气分离器，分成油和天然气。最后，分别将原油和天然气通过海底输油和输气管道输送到近岸的贮油库和贮气库，再经油轮转送出海。

最大的产油区

世界上最大的产油区在哪里呢?亚洲的"海湾地区",是一个油藏极为丰富的石油宝库,有人誉它为"世界油海",石油总产量占全世界总产量的1/3以上。这就是波斯湾。

波斯湾不仅盛产石油,而且占有很重要的战略地位。它既是海上交通要道,又是国际石油贸易的一条大动脉。这里输出的石油约占世界石油总输出量的一半以上,除了一部分通过油管输入地中海沿岸,其余都通过波斯湾运往日本、西欧和美国。波斯湾口的咽喉——霍尔木兹海峡,是"世界油库"的总阀门,每日经这儿输出的石油,就有几百万吨。

海湾国家中的沙特阿拉伯,是世界上储油最多和出口量最大的国家,素有"石油王国"之称。据估计,其石油储藏量有240亿吨,约占世界总储量的1/4。主要分布在波斯湾沿岸的东部省份和波斯湾内。沙特阿拉伯是世界上第一大石油输出国,每年出口原油3亿吨以上。输出石油及其产品占输出额的90%。世界上最大的海上油田——萨凡尼亚油田,在沙特阿拉伯的波斯湾内,日产油150万桶左右。波斯湾内的腊斯塔努腊港(属沙特阿拉伯),是世界最大的原油输出港,年输油能力为3亿吨。

海沙里藏有珍宝

滨海沙矿中含量最多的是石英矿物。它可说是唾手可得，取之不尽的一种资源。石英可提取硅，硅是一种半导体材料，熔点高达1420℃。

海沙中的金刚石也很诱人。金刚石是最硬的天然物质，有"硬度之王"的称号。金刚石最大的用途，是用于制造勘探和开采地下资源的钻头，以及用于机械、光学仪器加工等方面。近年来，人们还发现金刚石是一种半导体，并已将其应用于电子工业和空间技术等方面。从海沙里，还可以分出金红石、钛铁矿等矿物。它们是提取金属钛的重要原料。钛和钛合金已经成为制造超音速飞机、火箭、导弹等现代武器不可缺少的材料，有"空间金属"之称。

独居石常与钛铁矿、金红石、锆石等矿物混杂在一起，形成滨海沙矿。它是一种重要的稀土金属矿物，含有铈、镧等稀土金属和钍，又叫作磷铈镧矿。矿物中钍的含量高达 9%，经过加工提取出来的钍，可以代替铀作为核反应堆的燃料。

从海沙中，还可以分选出沙金、磁铁矿、锆石、锡石、黑钨砂、石榴石、磷灰石等矿物。

热水矿床的形成

热水矿床分布在水深 2500～3000 米左右地质活动频繁的海底。它的特点是具有烟筒状的热水喷出口。热水矿床中有闪锌矿、黄铜矿、纤锌矿、磁硫铁矿等，其主要成分是锌、铜、铝，也有含金或银的。

热水矿床是怎么形成的呢？研究认为，从岩石裂缝溶入海底的海水，经靠近海底岩层的岩浆加热，获得某些金属成分之后，又与从岩浆分离的热水溶液一起上升，经海水冷却后就形成了热水矿床。

热水矿床有被称为"烟筒"的圆筒状热水喷出口，一般认为"烟筒"是由热水中含有的矿物质沉淀形成的。在烟筒周围有叫作"堤"的小丘，"堤"是停止活动的烟筒的残片堆积而成的。"烟筒"和"堤"就是人们开发的对象——热水矿床。"烟筒"的高度一般为几米或几十米，直径为几米，"堤"一般分布在十几米宽的海底，也有较大的。在卡拉帕戈斯扩大中心地区，甚至有在长 1 千米，宽 200 米范围内的，"烟筒"高达 35～40 米的巨大复合热水矿床。

一般矿床的形成都要经过很长时间，而热水矿床却是随着热水地喷出在短时间内逐渐形成的。据观测，"烟筒"的增长速度为每天 8 厘米。

锰 结 核

看过《西游记》的人都会记得,孙悟空大闹东海龙宫获得镇海之宝金箍棒的故事。如今,神话变成了现实,真正的海底镇海之宝锰结核,已被人们发现,并被大规模地采集。

19 世纪 70 年代,英国深海调查船"挑战"号在环球海洋考察中发现了深海洋底的锰结核。100 多年后,太平洋的锰结核被连续大量的发现,据估算,总藏量达 3 万亿吨。锰结核又叫锰团块,它的颜色从黑到褐色,外形大多为球形,小的像豌豆,大的像土豆,切开来看,层层包裹,很像洋葱,平铺在海底,如同铺路的卵石。据初步调查,每平方米的海底约有 60 千克锰结核。锰结核中 50% 以上是氧化铁和氧化锰,还含有镍、铜、钴、钼等 20 多种元素。仅就太平洋底的储量而论,这种锰结核中含锰 4000 亿吨,镍 164 亿吨,铜 88 亿吨,钴 58 亿吨,其金属资源相当于陆地上总储量的几百倍甚至上千倍。如果按目前世界金属消耗水平计算,铜可供应 600 年,镍可供应 1.5 万年,锰可供应 2.4 万年,钴可满足人类 1.3 万年的需要。

锰结核的形成

科学家已经确认,锰结核是逐渐生长起来的,以每100万年增长1毫米的速度从直径1.27厘米长到15.24厘米。在生长过程中,它的颜色由棕红变得乌黑发亮,质地由松脆变得坚硬,表面由粗糙变得光滑。在有些海域,锰结核分布稀少,而在某些海域,则像用锰结核铺成的大鹅卵石路面。所有结核石几乎都堆积在39米厚的沉积层上,且很少被埋没。

现在没有人知道锰结核的真实来历。相关理论有很多:一种理论认为,锰结核是由陆地上冲来的,然而在陆地上却未曾发现过这种矿石;另一种说法是,锰结核由火山活动形成,然而分布方式却并不相符……

比较可信的理论是,锰结核是由海面浮游生物在新陈代谢活动中聚集了海水中的金属而成,因为浮游生物带几乎与锰结核分布区相吻合。科学家相信,一些微生物能够从海水中提取金属,并且将这些金属组合成食物链,食物链被食用后,排泄物便掉到海底,经常包围住珊瑚虫、玄武岩等外界物质,于是就形成结核石,并逐渐生长。也有人认为,一些未知的环境因素,也许是缓慢的沉积物、高氧含量、有限的酸度和电势能,能够在海水中产生金属离子,附着在上述排泄物上,便形成结核石。

深海软泥也是宝

海洋沉积按其深度和离岸的远近，一般可划分为大陆架沉积、大陆坡沉积以及覆盖大洋盆地和深海沟的深海沉积。其中，深海沉积物也叫深海软泥，它约占海洋底部总面积的70%。

30多年以前，在红海水深1900~2200米的海底裂谷，发现了富含金属和贵金属软泥的构造洼地。据估算，这里多金属软泥所含有的重金属，铜约有106万吨，锌以及伴生的铅、银和金约290万吨，铁2400万吨。分析表明，红海洼地里停积在多金属软泥层上的热卤水，它的含盐量确实大大高于一般的海水。除了其中所含的钠高度富集，比一般海水高8~9倍外，其他许多种金属确实在热卤水中高度富集，如含铁量就比一般海水高150~4000倍，锰500~8000倍，锌160~1000倍。

这种富含铁、锰、铜、锌等金属的热卤水，目前仍然沿着这些具有高热流特征的红海海底裂谷带源源不断地涌出。因此，这些贵金属的沉淀作用和多金属软泥的形成过程，当前尚在红海洼地继续进行。

除了多金属软泥以外，其他深海软泥都有较广泛的分布。其中，主要由大量海洋浮游微体生物的介壳或残余物等硅质遗骸，缓慢下沉堆积所成的硅质深海软泥，分布面积广达3600万平方千米。

海底有哪些矿藏

海底矿藏有三大类，即锰团块、热水矿床和钴壳。

最早被人类发现世界最重要的矿藏是锰团块。锰团块的蕴藏量仅太平洋海域估计便有 1 万亿至 1.7 万亿吨。特别是分配给我国的夏威夷东南海域密布着高品位的锰团块。南亚的西南海域、印度洋东部海域也都是很有希望的地区。

热水矿床含有丰富的金、银、铜、锡、铁、铅、锌等，由于是火山性的金属硫化物，又称为重金属泥。它是由地下岩浆喷出的高温液体被海水冷却而堆积成的矿物。最早是在 1973 年于墨西哥海面和加拉帕哥斯海岭，发现巨大的热水矿床堆积物。加拉帕哥斯新矿床宽 300 米、长 1000 米、厚 40 米，约有 1200 万吨，是个巨大矿床。1981 年美国俄勒冈州海面也发现了这样的热水矿床。此外，从板块复杂移动看，日本近海也可能蕴藏有热水矿床。

钴壳是覆盖在海岭中部厚几厘米的一层壳。钴壳中含钴约为 1.0%，为锰团块中的好几倍。而且分布在 1000～2000 米水深处。据调查，仅在夏威夷各岛的经济水域内，蕴藏量便达 1000 万吨。

从海水中提取铀

　　人们曾制成了一批像海绵一样的吸附剂，专门用来从海水中吸铀。比较切实的方法，一是利用海潮、海流等，使海水和吸附剂不断接触；二是大搞综合利用，例如把海水淡化和海水提铀结合起来。海潮是一种威力很大的自然力，它推着海浪涌上了海滩，然后又慢慢退去。如果我们筑堤造坝，建立储藏潮水的潮水库，并在库内安放吸附剂，潮汐就会自动地按时地为吸附剂输送新的海水。海流和海潮一样，也具有自然输送海水的能力，人们可以在海峡中放置吸附剂，利用海流更换海水。沿海国家有的把核电站建在海滨，核电站用水量是很大的，这样可以把海水淡化，核电站用水和海水提铀综合起来。

　　科学家们正在培养一种吸铀能力强的单细胞绿藻。培养的方法是将藻类放到海水中培养一段时间，让它们适应海洋环境，而后捞起来，放到铀浓度较高的营养板上。于是，一部分体质柔弱的就死亡了，对环境适应能力强的就被保存下来。把这些保存下来的小生命，用×光照射，并将营养板上铀浓度逐渐提高。经过反复多次考验，幸存下来的藻类，不仅对铀浓度高的环境产生很强的适应能力，而且铀似乎成了它不可缺少的体内营养元素。一旦把它们放进海水里，它们就会拿出训练出来的本领拼命吸取海洋中的铀。

从海水中提镁

镁比铝轻，铝中掺上镁，就是制造飞机和快艇的材料。镁不仅是制造飞机、快艇、汽车和某些机械的材料，而且还可以做火箭的燃料。此外，冶金工业还利用镁作还原剂、脱氧剂及球墨铸铁的球化剂。

海水中的镁，主要是以氯化镁和硫酸镁的形式存在。大规模地从海水制取金属镁的工序并不复杂，将石灰乳加入海水，沉淀出氢氧化镁，注入盐酸，再转化成无水氯化镁，电解便可得到金属镁。

海水制镁的中间产品氢氧化镁还可用于制取氧化镁、碳酸镁等其他产品。我们每天用的牙膏，它的主要成分是碳酸镁。水暖工人在水管上包上一层白白的石灰一样的东西，使水管在冬天 −10℃左右也不致冻裂，这也是碳酸镁的功劳。在橡胶制造上也常用碳酸镁作填充料。

镁是海水中浓度占第三位的元素。据估计，在每立方千米的海水中，可提取镁130万吨。海盐产量高的国家多利用制盐苦卤生产各种镁化合物。缺乏陆地镁矿的国家，还直接从海水中大量生产金属镁和各种镁盐。目前，世界上金属镁和镁化合物很大一部分直接或间接取自海水。

从大海中提取碘

大量的碘，对人体有害，而少量的碘，又是人体不可缺少的成分。在成年人体内，约含 20 毫克的碘，大都储存在甲状腺中。人体如缺了碘，就会得粗脖子病，而适当吃些海带，病症就会缓解，因为海带中含有丰富的碘。碘的酒精溶液是消毒、消肿的良药。碘的银盐碘化银，是照相用的感光材料，也是人工降雨不可缺少的催化剂。在光学方面，碘有独到之处，利用它制造的偏光玻璃，安装到汽车窗上，不会被迎面驶来的汽车灯光照得眼花缭乱，因为通过偏光玻璃，车灯只是两个光点。碘在尖端科学和军事工业生产上有重要用途。碘是火箭燃料的添加剂，在精制高纯度半导体材料锆、钛、硅时要用到碘，在切剂钛等超硬质合金时，可以利用碘的有机化合物作润滑油。

海水中碘的含量为 0.06 毫克／升，海洋中碘总储量有 930 万吨左右。这要比陆地储量多得多。

碘在海水中大部分是以碘的有机化合物形式存在。有许多海藻植物可以吸收碘，比如海带就是著名的采碘能手，它有高度的富集碘的本领。一般干海带中含碘量达 0.3%～0.5%，有的高达 6%，约比海水中的碘浓度提高了 10 万倍！人们常用水浸泡海带，然后采用离子交换树脂吸附法进行提取。近年来，人们还研究直接从海水中提取碘。

琼胶的用途

　　琼胶又称琼脂、冻粉、大菜糕、东洋大菜。是从某些海生红藻类植物中，通过现代科学方法提制而成。

　　琼胶的用途很广。如在工业上可作高级纺织品的填充剂和浆料，高级建筑和宾馆的墙壁粉刷剂。医药科研方面，用作生物、细菌的培养基，外科绷带和牙齿的印模。在食品工业方面，肉类罐头、菠萝酱、椰子酱、番茄酱、冰激凌的制造，都不能没有琼胶。琼胶在各类罐头食品的制造中起着重要的作用，有了琼胶的存在，增强了罐头的防腐性和稳定性，食用时也倍感香滑可口。有经验的点心师在制作牛油、奶油面包和点心时，也常用到琼胶。我国许多食品、糖果厂因此而制成含有各种营养成分的琼胶软糖，畅销国内外，深受用户的欢迎。

　　随着现代科学的迅速发展，琼胶的用途会越来越广泛。

化学工业之母——盐

　　盐被人们称为化学工业之母。因为盐的成本很低,资源很丰富,所以凡是与氯和钠两种元素有关的化合物,一般都取之于盐。在化学工业方面,以盐作原料可以制造烧碱、纯碱、盐酸、氯气以及氯的衍生物等80多种基本化工产品。至于再通过这些基本化工产品而间接生产的产品则多得不可胜数。近年来,世界上大约有1/2的盐被用在化学工业上。这已大大超过了人类食盐的数量。盐除了充当化学工业的粮食以外,在化工生产中还常常充当盐析剂,促使一些物质与溶液分离。在服装店里,新设计的各式服装五颜六色,鲜艳美丽。谁都知道服装的颜色是用染料染成的,可是你知道吗?染料的制造也与盐有关。刚生产出来的染料还是一种水溶液。要把溶液状的染料变成固体,怎么办呢?只要往染料桶里倒上食盐,染料就自动凝聚、浮起,经过过滤、干燥,就可以得到固体染料。

　　在轻工业方面,盐也是一个活跃分子。食品的加工,肉类的贮存,罐头的制造,都离不开盐。在医药工业方面,盐可以用来制造抗菌剂、磺胺剂、解热剂、激素等药品。医生们常用于皮下或静脉注射的生理盐水,则是盐在医疗上的直接应用。

盐为陶瓷器增光

我们日常使用的陶瓷器皿，外面常挂上层锃亮的釉子。它与优美的图案配合在一起，为陶瓷器增添了不少光彩。你知道吗?在陶瓷工业上，有一种叫作盐釉法的工艺。当陶坯烧制时，窑业工人在窑中撒下一些食盐，当食盐挥发与陶坯表面接触时，便分解出钠，分解的钠与陶坯的硅酸矾土等发生化学反应后，在陶坯的表面便生成一层透明的釉子。

在重工业方面，盐也有许多用途。在钢厂，工人对钢材进行淬火，有时就需要添加以木炭末和盐相结合组成的渗碳剂，以使钢的表面硬化。在矿山，工人们冶炼一些含有硫成分的金属矿石时，先加入一些食盐，再进行熔烧，使金属变成可溶性的氯化物，从而容易与其他矿物质分离。

在国防工业方面，将盐电解可以制取金属钠。金属钠是一种非常特殊的金属。翱翔在碧蓝天空上的飞机，破浪穿行在浩瀚大海上的舰艇，它们的制造材料都离不开金属钠。大量的钠还被用在合成橡胶工业上。

在交通运输业方面，盐常常被用于公路除冰，促进冰雪迅速融化，保证行车安全。据统计，美国一年就将 1000 万吨盐用于公路融冰化雪，是世界上用盐化雪最多的一个国家。

从海水中捞金属

就目前所知,1000 克海水中含有 26.7 克氯化钠,3.2 克氯化镁,2.2 克硫酸镁,1.2 克硫酸钙,0.7 克氯化钾和 0.08 克溴化镁,其他元素也不下 50 种。据计算,在 1 立方千米海水中可以提炼出 5 吨金子。

怎样才能把溶在海水中的大量金属捞上来呢?这是现代科学中的重大问题。有人设想利用化学方法,制成各种离子交换树脂的塑料球,放到海水中,进行化学上的置换作用,把人们所需要的元素采集起来。而一些生长在海洋中的大量动植物,却是最有效的冶金专家和采矿能手。例如,海洋中的许多生物,能够把含在海水中的钙和碳酸吸收,用这些碳酸钙作为自身的骨骼,死亡之后,碳酸钙就沉入海底,形成石灰石。现在人们大量养殖的蛏子,每 100 克肉中就含有 133 毫克钙和 22.7 毫克铁。海洋生物不仅能从海水中吸收钙、铁元素,而且还能吸收硅、磷、碘和其他稀有元素。例如,每吨海水中所含的锌、铜都很少,最多不超过 10 毫克,而牡蛎体内的锌的含量要比海水大 3.5 万倍,铜的含量也大 1000 倍。海鞘能从海水中吸收钒,含量要比海水大 10 万倍左右。海参的血液含钒量更高达 10%。现在,科学家还在想尽一切办法,通过人工控制,促进海洋生物更有效地吸收海里的矿物质。

海水又咸又苦

　　尝过海水的人都知道,海水又苦又涩,是根本不能喝的。海水原来是一种成分复杂的混合溶液。在整个海水中,水约占96%~97%,溶解于水中的各种盐类和其他物质约占3%~4%。

　　在海洋中已经发现的元素有80多种,其中主要的有氯、钠、镁、硫、钙、钾、溴、碳、锶、硼、氟11种元素。它们的含量约占海水中全部元素含量的99.8%~99.9%。其他元素在海洋中的含量极少。

　　科学家马塞特从大西洋、北冰洋、地中海、黑海、白令海、波罗的海,以及中国沿海,采了很多海水样品,进行化学分析。他发现了一条重要规律,即世界大洋海水都含有相同的成分,而且各种成分含量的比是稳定的,这就是海水组成的恒定律,人们称之为马塞特规律。根据马塞特规律,只要知道海水中某种元素的含量,就可以按比例计算出其他元素的含量。

　　海水中的盐类主要有氯化物、硫酸盐和碳酸盐。尤其是氯化物的含量,占盐类总量的88.6%,单是氯化钠(食盐)就占总盐类的77.7%。正是由于海水中含有大量的氯化钠,才使海水变咸。氯化镁的含量占10.9%,硫酸盐的含量占10.8%,镍化镁的含量占0.3%。其中硫酸镁就是我们平时所说的泻盐,它使海水变苦。

海水不能喝

　　人们通常用盐度来表示海水中各种盐类的总含量。通俗地说，盐度就是在 1000 克海水中所含盐类总量的百分数。例如，1 千克海水中含 35 克盐，如果用千分数表示海水中的平均盐度，即为 35‰。

　　尽管海水的平均盐度仅有 35‰，如果按纯水的密度每立方米 1 吨来计算(因海水含有盐类，实际的密度稍大于每立方厘米 1 克)，世界海洋中盐类的总量将在 4.8 万亿吨以上。倘若把这些盐类全部铺在陆地上，可得到厚 153 米的盐层。如果把这些盐类全部堆在印度半岛上，其高度可以超过珠穆朗玛峰。假如全部铺在我国的地表，可使我国陆地高出海面 2400 米左右。

　　含有这样高盐度的海水是不能饮用的。因为人体的肾脏不能排泄这样高浓度的盐分。通常人体肾脏排泄盐分的浓度不超过 2%，如果喝了 100 毫升的海水，就要再喝 75 毫升的淡水，才能把海水稀释到 2%。

如果不喝淡水，就要从人体细胞中抽水冲淡，使人产生脱水现象。海上遇难者，如果得不到淡水补充，喝了海水就会产生脱水，感到口渴，甚至神经紊乱以至死亡。但是，遇难者少量喝点海水也有得救的。据记载，在第二次世界大战中，有三个士兵失事，在黑海中漂游，其中一名水兵连续喝了 34 天海水，他却活了下来。

海水含盐的浓度

我国海盐生产已有几千年的历史。自古以来，沿海劳动人民就在海边以晒制、煎熬的方法生产食盐。北起辽东半岛，南至海南岛，盐场星罗棋布，尤以渤海、黄海沿岸产盐最多。海

水含盐的浓度究竟有多大呢？一般情况下海水中各种盐类的总含量为30‰～35‰，其中以食盐为主，约占78%，其他如氯化镁、硫酸镁、氯化钾等，共占22%。那么，世界海洋里的海水盐度是不是完全一致呢？不是的。蒸发可以使海水变浓，盐度变大，而降水与河水流入，又可以使海水变淡，盐度减小。在那些特殊海区里，如红海，由于日照强烈，四周又全是沙漠，气候干燥，蒸发很快，所以它的内部，海水盐度可以高达40‰，甚至还要高。在降水多、河流多的波罗的海的波的尼亚湾里，海水盐度可低至3‰甚至1‰～2‰。我国渤海近岸盐度为25‰～28‰，东海和黄海为20‰～32‰，南海为34‰。海水盐度不仅有平面分布的变化，在垂直分布上也有差异。

盐和工业的联系是很密切的。现在，世界上许多国家都把盐与煤炭、石油、石灰石、硫黄并称为五大基本工业原料，并把一个国家工业用盐的数量当作衡量一个国家工业化水平的重要标志。

海水淡化的方法

海水淡化可分为蒸馏、蒸发、电渗析、冰冻四种方法。

蒸馏法：是淡化海水的最古老方法。蒸馏淡化海水，就是使海水加热变成蒸汽，经冷凝成为淡水。

蒸发法：最盛行的是太阳能蒸制法。这种设备的外形很像农村冬季种菜用的暖房。暖房内，盛放海水的水池底部铺着一层吸热能力很强的黑色橡胶，太阳光通过透明的房顶照射，可把水房加热到 70℃左右，从而使海水蒸发，水汽上升到装有玻璃顶部，凝结成水珠，顺着倾斜面往下流进淡水槽，收集起来。

电渗析法：主要利用两种特殊的渗透膜阳离子交换膜和阴离子交换膜，由一定数量的阳膜和阴膜组成电解槽。通电以后，海水中的盐分解成阴、阳离子，氯离子流向阳极，钠离子流向阴极，盐溶液从膜间室流出，剩下的就是淡水了。

冰冻法：它采取降低海水温度使之结成冰晶的办法让海水冻结。出现的冰结晶就是固体淡水，盐类则浓缩于剩下的溶液之中。冰冻法制淡水尽管最不经济，但如果能将南极冰和北极冰作为初级产品进行加工融化，制淡成本却可能是最低的。

谁知道海水淡化的方法？

用中空纤维制淡水

科学家一直在研究海水淡化的新方法。可是由于这种技术太难，所以进展缓慢。直到近几十年来才取得重大的突破，这就是美国在 20 世纪 70 年代末开发成功的中空纤维海水淡化器。

这种中空纤维是怎样把又苦又咸的海水变成清澈甘泉的呢?我们知道，如果将一张半透膜隔于纯水和海水之间，那纯水就会穿过半透膜渗透到海水中去。但是，如果给海水加一定的压力(大于水的渗透压)，海水中的水分子就会通过半透膜到纯水中来。这叫作反渗透。自从 1884 年，英国制成第一台反渗透海水淡化器以来，这种方法便引起人们的极大兴趣。但是，那时所用的是单层平板膜，面积小，强度低，效率不高。倘若使淡化膜能承受较高的压力，只好增加厚度。可是这样一来，纯水的透过速度又太慢了。到了 20 世纪 60 年代，美国的罗尔等创造性地提出了非对称膜的构想，即膜的组成和结构都是非均匀的。它分上下两层，上层很薄，分子之间的孔洞非常均匀，水分子极易通过，起过水截盐作用，下层则很疏松，很厚、抗强度高，主要起支撑作用。化学家们用这种非对称膜(也叫复合膜)，可以做成平板式、卷曲式和中空纤维式的新型反渗透海水淡化器，其中以中空纤维式效率最高。

冰 架

　　冰架是指与大陆冰盖相连的海上大面积的固定浮冰。南极冰盖覆盖面积达 1200 万平方千米，平均厚度在 2000～2500 米之间，最厚的有 4800 米，总体积达 2450 万立方千米。这顶巨大的冰帽，在自身重力的作用下，以每年 1～30 米的速度，从内陆高原向四周沿海地区滑动，形成了几千条冰川。冰川入海处形成面积广阔的海上大冰舌，终年既不破碎(外缘除外)，又很少消融，这就是海上冰架的来源。

　　据考察，南极冰架总面积达 140 万平方千米，占南极冰盖总面积的 10%，最大的两个冰架即罗斯冰架与菲尔克纳冰架，都在西南极。由于冰架表面平坦，因而是南极洲际机场的选点之处。不少国家的南极考察站，都建造在冰架之上。罗斯冰架每年向海面延伸 300～760 米。

　　冰架厚度的增加，主要是降雪的堆积造成的。澳大利亚冰川学家发现，厄麦里冰架底部的海水也在不断冻结，从而增加了自身的厚度。夏季冰架外缘与南极洋表层温暖的水接触处，消融成水，并在风、浪、潮的作用下，造成断裂，形成海上平台型冰山。据估算，每年从南极冰盖崩裂入海形成的冰山有 50 亿吨，其中由冰架送出的冰山占了 84%。可见，南极冰架是南极洋上冰山的主要来源。

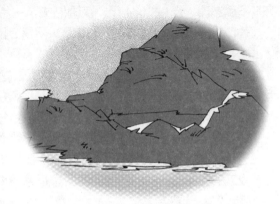

冰山是淡水资源

我们生活的地球有 3/4 的表面积被蓝色的海水覆盖着,海水占了地球上总水量的 97%,淡水仅占 3%。即使这 3% 的淡水,也不是人类都可直接饮用的。因为流动的淡水只占 1%,其余 2% 却被镇锁在寒冷而寂寞的冰山之中,与人类日常生活不发生多大关系。而地球上几乎全部的(90%)冰都存在南极洲,那里的冰层厚度达 200 米。

南极洲的冰尽管地处遥远,但那丰富的淡水资源对人类来说,并非可望而不可即。有时那里的冰会自动地向我们漂来。因为南极的冰山总是在不时地断裂,断裂下来的冰山漂浮于海岸上,形成奇特的冰岛,为时可达数年之久。

那么,当冰山托运到目的地时,如何将巨大的冰体融化成水呢?在像沙特阿拉伯那样的国家,单靠酷热的太阳就足以将冰山融化,但过程进展极慢,融化 10 米厚的冰层要花费一年时间。假如对水的要求不十分紧迫,可以让冰山这样慢慢地自然融化。为此就要在冰山的四周用特殊的围圈隔离起来,使冰山已融化下来的淡水不会流散到周围的海水中去。至于冰山底部却不用加以隔离,因为海水比重大,故从冰山上融下来的水总是处于上层,不会与下层的海水相混。只要用水管把上层的淡水抽吸到陆地上,就可应用了。

钱塘潮汹涌巨大

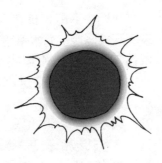

在阴历望日(即阴历十五日)后两三天,世界各地的潮水,普遍都比平时高涨。因为涨落潮的产生是受月亮、太阳的引力和地球自转的影响,当地球、太阳、月亮正好在一条直线上时,太阳和月亮的引力合在一起,力量特别强大,并且中秋节正值阴历的八月十五,这时,它们的位置连起来恰恰接近直线,所以秋潮较大是个一般现象。不过像钱塘江口这样的大潮,在世界上却很少见。

一方面,钱塘江河口外宽内狭,形似喇叭。在杭州湾湾口处竟达 100 千米左右,可是在海宁盐官附近的江面,大约只有 6 千米。当由外来的大量潮水涌进狭窄的河道时,湾内水面就会迅速地升高,钱塘江流出的河水受到阻挡,难于外泄,反过来又促进水位增高。另一方面,当潮水进入钱塘江时,横亘在江口的一条沙坎,使潮水前进的速度突然减慢,后面的潮水又迅速涌上来,形成后浪推前浪,潮头也就愈来愈高。

另外,在浙江沿海一带,夏秋之间常刮东南风,风向与潮水涌进的方向大体上一致,也助长了它的声势。

潮汐运动中,蕴藏着巨大的能够造福于人类的能量。有人估计,世界海洋潮能约达 10 亿千瓦,我国浙江沿海的潮能就有 1000 万千瓦,光杭州湾就有 700 万千瓦。

大海也在呼吸

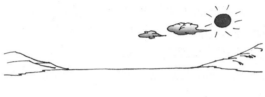

住在海边的人们，都见过潮汐现象。到了一定的时间，潮水低落了，黄澄澄的沙滩慢慢露出水面。人们在沙滩上拣拾贝类和海菜。到了一定的时间，潮水又推波助澜，奔腾而来。

不论是碧波粼粼，还是巨澜翻卷，海面总是按时上涨，然后又按时下降，海洋在有节奏地"呼吸"。白天海面的涨落叫"潮"，晚上海面的涨落叫"汐"，合起来就叫"潮汐"。

潮汐是海洋中一种常见的自然现象。我国古代思想家王充，早在1800多年前，就指出"涛之起也，随月盛衰，小大满损不齐同"，明确说明海水的涨落与月亮的盈亏有密切关系。在国外，直到17世纪，牛顿才根据万有引力定律，解释了潮汐的产生。

由于地形等因素的影响，世界各地的潮汐是复杂多变的。以潮为例，我国各个地方均不相同：青岛港海水每天发生二次涨落，称为"半日潮"；广西的北海港海水每天发生一次涨落，称为"全日潮"；秦皇岛港海水在半个月内，若干天是一天一次涨落，其余时间则一天出现两次涨落，称为"混合潮"。

利用潮汐发电

潮汐不仅气势磅礴，蔚为壮观，而且蕴藏着巨大的能量。据粗略估计，全世界海洋蕴藏的潮汐能大约有 10 亿千瓦。我国大陆海岸线长 1.84 万千米，岛屿 6000 多个，岛屿岸线总长 1.4250 万千米，若按 20 世纪 50 年代末的统计，我国潮汐能的理论蕴藏量达 1.1 亿千瓦，可供开发的约 3580 万千瓦，年发电量为 870 亿千瓦·时。

利用海水潮差推动机械发电，与河川电站类似，在工程上需要造坝、成库与建厂。不同的是，一般河川电站的发电水头要远大于海水潮差所决定的水头。这样，潮汐电站就要求装配适合低水头，过流量大的发电机组。潮汐电站分为以下三种方式：

第一种是单库单向发电。即在海湾建造堤坝、厂房和水闸，将海湾（或河口）与外海分隔，涨潮时开启水闸将水库充满，落潮时水库水位与外海潮位保持一定的落差，带动水轮发电机组发电。第二种是单库双向发电。它同样是建造一个水库，但采用一定的水工布置形式或采用双向水轮发电机组，使电站在涨潮和落潮时都能发电。第三种发电方式是双库双向发电。它是在有条件的海湾建造两个水库，在涨、落潮过程中，两水库的水位始终保持一定的落差，水轮发电机组安装在两水库之间，使其连续不断地发电。

海洋电场的形成

根据法拉第电磁感应理论,导体切割磁力线便会感应生电。而地球本身是一个天然的大磁场,占地球面积 71% 的海洋处在这个大磁场之中,海水则是溶解着大量带电离子的导体,并且是永恒运动着的,除波浪和潮汐外,还有强大的海流。海流有表面流、潜流,有的水平运动,有的上下运动,甚至有环球运动的大洋环流。这些海流在运动中造成许多切割地球磁场磁力线的机会,从而产生感应电。随着对海洋电场的深入研究,也陆续有一些新的发现。例如,海洋中有因带正电的离子和带负电的离子的浓度不同产生的浓差电场;有因不同温度的海水相接触产生的温差电场;另外还有生物电场,这是由于表层海洋植物光合作用产生带负电的氢氧离子,与细菌分解海底盐类的沉积物中动植物残骸产生的带正电的氢离子,造成海洋上下的电位差而形成的。海洋电场就是由这些电场构成的。

海洋就像一个硕大无比的天然电场,储存着无穷无尽的电能。世界海洋面积有 3.6 亿多万平方千米,平均深度达 3700 多米,海水总体积有 13.7 亿立方千米,海洋电场蕴藏的电能可达到一个天文数字。

海豚游得快

　　海豚的游泳速度相当快，每小时可达 70 千米。人们惊奇地发现，当它受到惊扰或者追捕其他海中动物时，时速竟达 100 千米。实验表明，海豚之所以游得快，除了它的形体能使水流形成阻力最小的"层流"之外，还跟它特殊的皮肤结构有关。海豚的皮肤分五层：表皮、真皮、密质脂层、疏质脂层、筋腱。在真皮里有无数个细细的、内有水质物的管状突。当海水冲击皮肤时，管状突内的水质物就相应地流动，形成波浪形的起伏。由于管状突的作用，皮肤的伸缩性和弹性始终适应海水的冲击力，是相应的波浪形状，使皮肤与水的摩擦力减到最小。这样，海豚本身的动力几乎全部用于增加游动的速度上了，每秒钟 20 米。

　　科学家根据海豚的皮肤仿制成了"人造海豚皮"。这种厚度只有 2.5 毫米的人造海豚皮，如果"穿"在形状、大小和动力都不变的鱼雷"身"上，它所受到的水的阻力至少可以降低 50%。

海豚用声呐定位

海豚不仅有极灵敏的听觉，而且自己能够发出声音去探测目标。有了声呐，海豚才得以寻找水下的食物，逃避敌人的追捕，也可以作为生物语言，相互传递信息，表达感情。

那么，海豚是怎样用声呐定位呢?科学家们经过多年的考察发现，原来，海豚并没有可供发声的声带，因而其发声就同其他哺乳动物不一样。空气是从海豚头顶的喷水孔进入气囊的，海豚只要关闭一些膜瓣，调节气流通道，就能发出各种高低不同的"咯咯"声和"哨"声。海豚的前颚有两个角状气囊，用来定向发射声呐。海豚在探索目标、探测环境时，耳朵接收低频声波，颚部接收高频声波。

科学家认为，海豚之所以具有高超的识别能力，是因为它是用多种频率而不是单一频率的声波来进行探测的，同时还可以不断地改变声信号的频率和发射速率。在这方面，人造声呐是望尘莫及的。

尽管今天声呐采用了各种信号处理技术，并借助电子计算机完成大量的运算，但与生物声呐相比，还差得很远。比如，海豚的信号处理本领很强，头部的"声透镜"组织和其他器官就是一组优秀的滤波器，能够在各种各样的声音中提取所需要的信号，而滤掉其他噪声。

海豚睡眠

有人说,海豚是在水面上睡觉的。因为海豚和其他哺乳动物一样,是用肺来呼吸的,它的鼻孔,即呼吸器官的出口处,位于头顶凸起的部位。然而,任何动物在睡眠时总有一定的姿势,这时身体的肌肉是完全松弛的,可是从未出现过肌肉完全松弛的海豚,难道海豚真的从来也不睡觉吗?

一批苏联科学家曾用记录脑电波的方法,详细地研究一种称为阿法林海豚的睡眠。结果发现,这些海豚具有奇特的睡眠方式,它们在沉睡时,是大脑的左右两半球交替休息的。后来,他们又对海豚科的另一种海豚(被称为黑海猪)进行研究。在一个 25 平方米的水池里,科学家们对三条黑海猪进行了昼夜不停地观察。这些海豚虽然昼夜不停地在池内转圈,可是,它们的大脑并不是时刻处于清醒状态。脑电流记录表明,当黑海猪处于清醒和不深沉的睡眠状态时,都有 δ 波出现,不过这种脑电流来自海豚大脑的两个半球。当它们处于沉睡之中,δ 波只来自其中的一个大脑半球。而且,这两个大脑半球是轮流休息的。无怪乎处于沉睡之中的海豚,仍能不停地游动。有趣的是,处于沉睡之中的海豚,其大脑右半球的休息时间比左半球的休息时间要长。

海中之王

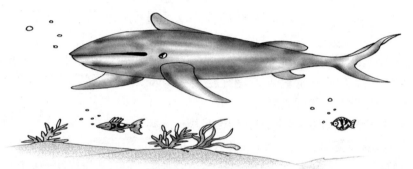

　　鲸是地球上硕大无比的动物。大型鲸体重有 100 多吨,小的也有三五吨。目前生存下来的鲸鱼,可分为两类。一类鲸是没有牙齿的,叫须鲸。它的口部上牙膛两侧生有几百角质的须板,长出密密的一排须毛,像梳头用的梳子一样。它在一大群浮游动物之间游过时,便张开嘴巴,将浮游动物一齐喝进嘴里,再猛然把上、下颚闭上,水便从"梳子"里流了出来,而食物却留在口中。它还具有身长、鼻孔成对、下颚比上颚长的特点。身躯庞大的蓝鲸,就是须鲸的一种,体长可达 33 米,重170 吨。经常出没于南冰洋上,仅有少数个体来我国沿海洄游。除了黝黑色的鲸须外,全身几乎都是青蓝色。蓝鲸主食磷虾,且食量颇大。但每年往南极洄游的往返途中,却要路过缺少食物的辽阔海域,所以至少在长达 4 个月的时间中,蓝鲸得体验一下忍饥挨饿的滋味。初冬,它们在温暖水域交尾,孕期约一年,仔鲸一出生就有六七米长。蓝鲸的寿命也较长,一般可活 100 年之久。另一类鲸有锐利的牙齿,叫齿鲸。它性情凶猛,能猎食海兽和大章鱼等。它身躯较短,只有一个鼻孔,并和两肺相通,下颚比上颚短或相等,比须鲸在水底能多待很长时间。

鲸能长时间潜水

　　鲸的呼吸很特殊，它在连续的短呼吸后进行深呼吸。吸足一口气，可以进行长达数十分钟的潜水。抹香鲸潜水可达 1 小时以上。海洋深处的压力很大，鲸为什么能忍受得住，而且时间又那么长呢?原来，鲸鱼身体里的空腔如胸腔、腹腔等，内部的压力与身体所受的海水的压力是相等的，所以它不怕深海的高压。

　　它的气管被分隔成许多小室，形成一个阀门系统。吸气时，空气依次通过各阀门由低压区进到高压区;呼气时，空气又由高压区转到低压区。潜水时，虽然它的胸部受到的压力很大，但由于有阀门系统的存在，肺里的空气就不会被压入气管，所以可以保持肺部的高压。可见，它体内的压力是可以调节的。

　　鲸的血液在身体很多部分都有储存，而且它的血管里也有阀门，这就保证了在深水中血液的流通。随着潜入深海，鲸的胸部(肺)受到压缩，肺里的气体交换就会停止。有意思的是，鲸体内的氧气不减少到一定量，它是不会有呼吸的要求的。这就使它可以在深海待 1 小时以上。

　　人的一次呼吸，换气只占肺里气的 15%～25%，而鲸的换气量大得多，可以达到 80%～90%，甚至更多。所以，鲸呼吸的时候会喷出很高的水柱。喷水的形状因鲸的种类不同而有差异。

鲸鱼喷水

　　动物学家认为,在几百万年以前,鲸也是生活在陆地上的。鲸迁到水中生活之后,虽然外部器官起了巨大的变化,以致被误认为是鱼,但是,它们的内部器官变化较少,并保持原来陆上生活的某些特点,如用肺呼吸,因而不能在水下停留很长的时间,一般在半小时左右,就必须到水面上呼吸一次空气。短的仅有10分钟左右,长的可达一小时以上。

　　鲸是以喷水的形式进行呼吸的。不同的鲸,它们的喷水形式是不一样的。鲸的喷水是有节奏的,大致是一分钟喷水一两次,这就说明它的呼吸是有节奏地进行的。

座头鲸唱歌

　　座头鲸夏天在凉水海域觅食时并不歌唱，只是在每年冬天洄游到热带水域繁殖地点后才引吭高歌，而唱歌的鲸又均为雄性。因而有人认为，这是鲸在唱情歌。

　　声谱分析的结果表明，座头鲸的歌声节奏分明、抑扬顿挫、交替反复，很有规律，犹如百鸟朝凤、青蛙啼鸣。所不同的是，座头鲸的曲调千变万化，持续时间可长达6~20分钟。有趣的是，座头鲸经常变换自己的歌声。在同一年里，它们唱同样的歌，但第二年却都换唱新歌了。这些歌逐年演变，接连两年的歌声较为相似，看来，座头鲸的新作只不过是在去年的基础上，加以改编，并添入一些新的内容而已。

　　如果对鲸歌的旋律做一剖析的话，更是有趣。虽然在同一年中，去夏威夷过冬的鲸唱的调子不同于去百慕大的，但是两地鲸唱歌的旋律却具有一样的结构，雷同的变化规则。比如，每一曲都是由6个乐章按同样的顺序安排，每一乐句都由2~5个音节组成。

　　它是靠贮在头部的空气震动来发音的。所以这种高歌并不需要吐气、换气，也不受呼吸的干扰。

海豹的高超本领

海豹为什么能具有既能在水中看清目标，又能在陆地上分辨敌人的高超本领呢?这是因为海豹在捕食、定向、社交及其他活动中，眼睛都起着重要的作用，长期的水陆生活，使海豹的眼睛发生了适应环境的变异。海豹生着一对美丽而有神的大眼睛，特别是其晶状体很大，且近似球形，这便于接收大量的光线，有效地弥补角膜的光学损失，从而能在水中甚至在混浊的海湾或河口看到小小的鱼饵。

海豹眼内的脉络膜上长有包括 22 层水平细胞和 32~34 层垂直细胞的反光色素层，这个色素层的面积与眼睛相比，在动物界是首屈一指的，因此感觉能力较强。这对海豹在陆地上瞳孔变窄，受光减少，或者潜入较深海时，环境变暗，感光较弱有所补偿。

海豹的眼前方覆有透明的瞬膜，其功能是保护眼睛，修正眼睛成像，提高视力。

海豹的视网膜有褶皱，可使眼球的容积随水压而变化，以利于在深水内观测其他生物的动向。视网膜上的杆体感觉细胞数与视神经中枢的细胞数之比为 100∶1，与人眼十分相似，这说明海豹在陆地上也应该有较好的视力。

鲸集体自杀

　　有的科学家认为：鲸集体自杀，是它们身上的回声定位系统失灵了。

　　原来鲸的眼睛不太灵敏，看不远。为了探清水下的道路和寻找食物，它们不断地向四周发出声音。这些声音碰到物体以后就被反射回来，鲸根据反射回来的声音可以判断方位和寻找目标。倘若鲸的回声定位系统失灵了，它们就会因为找不到前进方向，而硬往岸上冲。鲸的回声定位系统怎么会失灵呢？有的人认为，鲸集体自杀的地点，大多在地势比较平坦的海滩，那里堆积了很多泥沙，水很浅，鲸的喷气孔又不能完全浸没在水里，这些都妨碍了鲸的回声定位系统的功能，使得鲸不能对周围的环境做出准确的判断。也有人认为，鲸群可能碰到了水平异常的声音，比如水雷爆炸和水下火山的爆发，它们受到惊吓，闯上了浅滩。还有的人在死去的鲸的脑袋和耳朵中发现了许多寄生虫，他们认为是这些寄生虫破坏了鲸的回声定位系统。

　　那么鲸为什么常常几十甚至几百只集体自杀呢？原来最早遇难的鲸，会不断发出呼救信号。鲸是习惯成群生活的，从来也不肯丢弃遇到危难的伙伴，它们只要听到这种信号，就会奋力去抢救，结果造成了集体死亡的悲剧。

海狮当上侦察员

海狮比较容易适应陆地上的大气环境，可以离开水。更难得的是，海狮的听觉特别灵敏。那么，怎样训练海狮当侦察员呢？科学家用精密的仪器对海狮做系统的测试和实验，如听觉灵敏度、接收回收的能力、游泳速度、辨别方向的本领等。

在取得精确的实验数据以后，根据每头海狮的不同情况，制订训练计划。开始时，训练员必须同海狮培养起一种亲近友善的感情，使海狮认识主人，这对于保证训练成功是极为重要的。经过一段时间的驯养，聪明的海狮便和训练员成了好朋友。接下来便进入关键阶段，要使海狮理解训练员的意图，按训练员的指令去寻找目标。最后进入实习阶段，研究人员在海狮身上安装一个微型声波发射器，并在它的嘴上套一只特别的夹子。一根特长的尼龙绳，一端连着夹子，一端系在水面的工作船上。海狮利用它特有的水下听觉，轻而易举地发现目标的方位。经过训练的海狮一游近目标，即能把原来套在它嘴上的夹子挂在目标物上。这种夹子有两个能自动闭合的活动臂，一旦挂到目标物上，便会紧紧夹住不放。海狮完成任务后，通过尼龙绳向工作船发出信号，当人们接到海狮传来的完成任务的信息后，便可容易地测出目标物的方位。

大海里的美人鱼

在西方有这样一个传说。在地中海的一个荒礁上，住着一些幻形为美人的女妖，她们经常用甜美的歌声引诱过往船只上的海员。

那么，到底有没有美人鱼呢?美人鱼不过是远远看起来上身有点像人的儒艮，它们经常出没于地中海，使古希腊海员误认为是美人鱼。

儒艮，身体呈纺锤形，前肢为鳍状，后肢消失。皮肤上有稀疏的刚毛，胸部有一对乳房。有时会游出水面，露出上半身，母兽哺乳时常以胸鳍抱着仔兽，远远望去，有点像人。儒艮是一种极温和的动物，它夜间出来索饵，白天则栖于30~40米的深水处，摄食后待在海底就像岩石一样安静。它不洄游，以海藻等植物为食。儒艮的牙齿可用于雕刻，皮可制革，肉嫩且美味可口。不过，过去人们常见有数十头组成的儒艮群体，现在数量大大减少了，见到的也只有一两头在一起了，因而应注意保护。

人们发现，儒艮并不会唱歌。美人鱼歌声之谜，后来也得以揭晓。那是美国海洋动物学家派恩和埃尔经过长期的水下侦察才发现的。原来，在海里唱歌的是个座头鲸。

海牛潜游时间长

海牛的两个鼻孔都有盖，当它们仰着头露出几乎朝天的鼻孔呼吸时，盖就像门一样打开了，盖的合页固定在鼻孔的下方，盖由上往下、由外往里打开。吸入空气后便由下往上、由里往外关闭。盖关得如此之紧以至于不能让水流入鼻腔。吸气完毕便慢条斯理地潜入水中，如果我们俯身继续观察的话，那么一定能看到海牛的鼻孔上方出现一连串小气泡，并徐徐地往上跑，不久即消失，那是海牛在呼气。海牛每隔2~3分钟或7~8分钟呼吸一次，呼吸间隔不规律，当它受干扰时，呼吸间隙往往延长。

海牛是海洋哺乳动物，是用肺呼吸，可是同样用肺呼吸，为什么海牛却能在水中潜游长达十几分钟之久呢？

原来一般哺乳动物的肺脏相对而言比较小，只占据胸腔的一部分，而海牛的肺体积相当大，左右各有一叶长形的肺，由胸部胸腔的背壁向腹部延伸，一直到肾脏的前缘，换句话说，海牛的肺脏几乎占据了整个体腔的背壁。不过肺不进入腹腔，因为横膈膜只是靠近腹壁处是垂直的，而向内到肺叶的腹面就是90度大转弯了。所以，海牛不仅有很大的肺脏，而且有相当大的胸腔，自然肺活量也相应地大了，所以海牛可以间隔较长的时间才浮出水面换气，在正常情况下，海牛潜入水中可达15分钟。

海兽共有多少种

碧波万顷的大海是孕育海洋哺乳动物的摇篮。海洋哺乳动物是胎生的，它们的幼体靠吃母奶长大，因而被人们称之为海兽。海兽共有 130 多种，它们分别隶属于鲸目、鳍脚目和海牛目。鲸目约有 96 种，以龙涎香闻名的抹香鲸、残暴贪食的虎鲸、硕大无朋的蓝鲸和长须鲸，还有相比之下显得小巧玲珑的海豚，都属于这一类。由于海狮和海豹等动物的后肢趾间被皮膜的蹼连在一起了，外形如鳍，因而被称作鳍脚目动物。这一类动物约有 31 种，海牛目仅 4 种，只有儒艮生活于海中，其他 3 种可进入淡水水域。

还有一些陆生哺乳动物也在海上显露身手，如生活在海边的海獭和栖息于冰上的白熊，也能潜入海中捕食。因而，有些人干脆将它们也划入海兽的行列。

至于海兽为什么要从陆地上迁移到海洋里，至今还没有一个令人十分信服的结论。一般认为可能是由于陆地上的食物减少了，促使它们入水觅食，当然起初它们并不是一跃而为水栖动物的，可能先像水獭一样水陆两栖生活，然后渐渐变成现在的模样。不过，这也仅是一种推测而已，尚需进一步研究、考证。

海兽潜水时间长

　　我们知道,动物的血液担负着输送氧气的重大使命,这是早就被人们认识的了。其实,血液也是储存氧气的重要场所。动物的血液越多,它所能携带的氧气也越多,潜水时间也越长。实验证明,海兽的血液所占其体重的比例,比陆生动物大得多。人的血液,一般约占体重的7%,而镰鳍斑纹海豚的血液,却占其体重的10%～11%;斑海豹约为18%;海象更多,为19%～20%。这就证明,海兽潜水所需的氧气,主要并不是靠肺部储存,而是以血液做氧气仓库。除血液以外,动物的肌肉也能储存氧气。肌肉中的肌红蛋白(也称呼吸色素)很容易和氧结合,储存在肌肉中,供肌肉活动消耗。海兽肌肉所储存的氧气,有的甚至占其全身储氧量的50%。此外,海兽具有很强的忍耐二氧化碳的能力。

　　海兽还具有摄取氧气能力强,效率高的特点。人平时呼吸,一次只能更换肺中气体的15%～20%,而鲸类却能更换80%以上。通过众多的实验,人们发现海兽潜水时有一种颇为奇怪的生理现象,心律显著变慢。例如宽吻海豚,在水面活动时每分钟心跳约90次,深潜时可降到12～20次。据实验计算,海豹潜水时的氧气消耗量竟降到平时的1/50。所有这些,为海兽长时间潜水提供了有力的保障。

世界上最大的鱼

世界上最大的鱼是鲨鱼中的鲸鲨。鲸鲨体长可达 25 米，重 5 吨，头扁口阔，身上布满黄白色斑点或横纹。它以浮游生物和小鱼为食，分布于热带和温带海洋中。大多数鱼类的繁殖方式都是体外受精，而鲨鱼都是体内受精，一颗鲸鲨的卵就有一个西瓜那么大。

鲨鱼是一种很凶猛的海洋动物，在海洋里称王称霸。它们几乎什么东西都吃，一般的鱼虾、蟹、贝壳不在话下，就是海龟、海狮、海豚等动物，也常常成为鲨鱼的猎物。鲨鱼游泳的速度很快，每小时能游 20 千米。鲨鱼不仅凶猛，而且非常贪婪。人们在澳大利亚捕获到一条虎鲨，剖开它的肚子一看，发现里面有三件大衣、一条毛裤、两双丝袜、一只奶牛蹄子、十二只龙虾，一只用铁丝编织的鸡笼和一对鹿角。鲨鱼就是这样凶猛、残忍、贪婪。难怪有人把它们叫作"海上霸王"和"职业屠夫"。

据研究，世界上各种鲨鱼大约有 350 多种。对人类能造成危害的有鲭鲨、噬人鲨、虎鲨、白鲨、双髻鲨、鼬鲨、大青鲨、锥齿鲨等 20 多种。也有些鲨鱼虽个体很大，却从来不伤害人类。例如前边提到的鲸鲨，还有姥鲨，它们可说是庞然大物了，然而它们吃的却是一些浮游生物，性情也十分温和，不伤人。

鲨鱼不得癌

在美国进行的一次研究表明，即使用高致癌物质喂养鲨鱼达8年之久，它们也不会患有任何肿瘤。

科学家早就发现，人体肿瘤细胞的增长和扩散，需要建立一个新的血管网络，以便输送养分给肿瘤细胞，并带走肿瘤细胞新陈代谢所产生的废物。这些肿瘤的血管网络很紊乱和脆弱，十分不稳定，需要经常更新修整。只要有一种物质能有效地阻止及破坏这些不正常的新生血管网络的形成而又无毒性的话，肿瘤就能得到控制。科学家从鲨鱼不患癌症这个谜着手，进行了多年的探索和研究，发现在鲨鱼软骨中含有极其丰富的新生血管生长抑制因子，能抑制肿瘤细胞周围的血管生长，切断对肿瘤细胞的氧气和营养供应，阻断肿瘤细胞新陈代谢废物的排出，减少癌细胞进入血液循环的可能，致使肿瘤细胞逐渐萎缩以致死亡。鲨鱼软骨中富含各类调节免疫能力的物质，可激活肌体细胞的免疫系统，所以鲨鱼抵抗疾病的能力特别强。

从20世纪80年代开始，欧洲、美国、古巴、新西兰、澳大利亚、以色列等国的科学家，对鲨鱼软骨的临床应用进行了深入研究，取得令人十分鼓舞的成就。

防止鲨鱼的袭击

据观察，鲨鱼多在水温为 18℃～28℃的海区活动，我国沿海夏秋季节水温基本在这一范围之内。鲨鱼伤人常发生在水深 4 米以上和距离海岸 10～60 米之间的海区，而且多发生在阴天或下午黄昏时。另外，鲨鱼对淡水有很大亲和力，常到淡水区活动。所以夏季在江河入海口处进行水下作业，要特别提高警惕，加强防护措施。如在海滨游泳，最好在游泳区设立防鲨桩或防鲨网。

尽管鲨鱼凶狠残暴，但它却害怕小小的乌贼施放的黑墨汁，另外鲨鱼很厌恶鱼类腐烂的臭味。根据这些特点，目前已制成了驱鲨剂，有一定的效果。人在水下，只要把装有驱鲨剂的袋子挂在身边即可。

反光强的白色物体和夜间的灯光却容易招引鲨鱼，因此在海中最好穿深色的衣服，夜间不要在水上点灯，这样可防止鲨鱼袭击。在水中遇到鲨鱼时，只要它不主动咬人，就千万别动它。倘若它主动进攻，则应予以有力回击。可携带鲨鱼棍，使用时最好打鲨鱼的鼻子、眼球或鳃部等处。

鲨鱼咬伤人体并无毒素产生，但通常会引起大面积损伤和大量出血，导致受伤者休克甚至死亡。所以治疗的关键是迅速抢救出水，控制出血和休克，同时要尽快送往医院救治。

鱼能变性

红鲷鱼

在红海里，有一种红鲷鱼。红鲷鱼有一种奇特的本领，它能出人意料地由雌性变为雄性。红鲷鱼一般都由十几条、几十条组成一个大家庭。在这个家庭里，只有一条雄鱼，它就是家长。平时，总是由它在前边开路，保护着跟随在后边的雌鱼。就这样，这个家庭里的唯一男人，领着它的全部妻子在大海中游来游去，寻食嬉戏。

生物和人一样，天灾病祸总是难免的。倘若这一家里的男人偶患风寒或遭敌害而死去。在它的忠贞的妻子们中，身体最强健的一个便发生了体态变化，如鳍逐渐变大，体色变艳，卵巢缩小，精囊发达起来，竟然变化得和它死去的丈夫一模一样。这样，它就接了丈夫的班，成了这一家中唯一的雄性，那些雌鱼又全部成了它的妻子。如果这个接班的雄性又遭到了不幸，在它的全部妻子中另一个身体最强壮的又变成了雄性。

雄海马生儿育女

　　生活在海洋里被称为海马的动物有两种，我们这里要说的是一种小海鱼，一般长约 10 厘米，体形扁而呈淡褐色，全身都被骨质环包裹着，上半身酷似骏马，故名"海马"。海马的下半身是一条圆锥形而蜷曲的尾巴，可以自由伸曲。

　　有一种雄性动物竟然也能怀胎产仔，这就是海马。雄海马的尾部腹面有个育儿囊，好像袋鼠腹部的袋子一样。每当产卵的季节，雌海马就追逐雄海马，把卵产在雄海马的育儿囊里。在交接的时候，雄海马常常是被动的。卵进入育儿囊以后，雄海马就排出精液，使卵受精。受精卵就在育儿囊里发育，孵化成小海马。雄海马在临产的时候是很吃苦的，它用尾部紧卷在海藻上，一仰一俯地摇着，每次仰起，一般产出一只小海马。因此，从外表上看起来，好像小海马是"爸爸"胎生的。小海马离开"爸爸"的肚子以后，就用自己的尾巴卷附在附近的海藻上独立生活了。新生的小海马长到 5 个月左右，就可以"生儿育女"了。这种与众不同的由父亲生孩子传宗接代的繁殖方式，是海马在海洋生活的长期岁月中适应环境的结果。

海洋里的"鱼大夫"

在碧波荡漾的海洋里,各种鱼类熙熙攘攘。突然,一条大鱼迅速地游向一条小鱼,但它不是把小鱼作为吞食的目标,而是在小鱼面前平静温驯地张开了鳍,让小鱼用自己的尖嘴紧贴大鱼的身体,好像在吮乳。几分钟后,小鱼蹿出来,消失在海草中,大鱼也紧紧地跟上了鱼群。

这种奇怪的景象,每天在海洋中要重复几百万次。原来,这种小鱼是海洋中的鱼医生,它们世代在海洋中开设鱼类"医疗站"和"美容室"。科学家称它为"清洁鱼"。

鱼类和人类一样,经常遭到微生物、细菌和寄生虫的侵蚀。这些寄生虫和细菌会附在鱼鳞、鱼鳍和鱼鳃上。鱼类还会在水中遭遇不测:一条鱼被另一条鱼咬了一口,伤口感染化脓。于是它们都不得不向鱼医生求医。鱼医生就伸出尖嘴来清除伤口的坏死组织和鱼鳞、鱼鳍、鱼鳃上的寄生虫、微生物,把这些当作佳肴美餐,并赖以生存。比方说,有一种名叫圣尤里塔的小鱼,便是远近闻名的"鱼大夫"。科学家们为了证实这一事实,曾做了有趣的实验:把"清洁鱼"在鱼类经常生活的水域里清除掉。两周后,许多鱼类的鱼鳞、鱼鳍和鱼鳃上出现了脓肿,患上了皮肤病,而在"清洁鱼"居住的水域里,鱼类却生活得很健康。

会放电的电鱼

　　电鱼为什么能放电呢?原来,它们身体内都有一种奇特的放电器官,可以在身体外面产生很强的电压。这种器官,有的起源于鳃肌或尾肌,有的起源于眼肌和腺体。各种电鱼放电器官的位置、形状都不一样。电鳗的放电器官分布在尾部脊椎两侧的肌肉中,呈长棱形;电鳐的放电器官则排列在头胸部腹面两侧,样子像两个扁平的肾脏,是由许多蜂窝状的细胞组成的。这些细胞排列成六角柱体,叫作"电板"。

　　电鳐的两个发电器中,共有 2000 个电板柱,约 200 万块"电板"。电鲶的板数更可观,约有 500 万块。这些"电板"浸润在细胞外胶质中,胶质可以起到绝缘作用。"电板"的一面分布有末梢神经,这一面为负电极,另一方则为正电极。电流的方向是由正极流到负极的,即由电鳐的背面流向腹面。在神经脉冲的作用下,这两个放电器就能变神经能为电能,放出电来。单个"电板"产生的电压很微弱,但由于"电板"很多,所以产生的电压就很可观了。一次放电中,电鳐的电压为 60～70 伏,在连续放电的首次可达 100 伏,最大的个体放电约在 200 伏,功率达 3000 瓦,能够击毙水中的游鱼和虾类,将其作为自己的食料。同时,放电也是电鱼逃避敌害,保存自己的一种方式。

鱼类洄游

　　鱼类的洄游，可分为产卵洄游、索饵洄游和越冬洄游。

　　产卵洄游又叫"生殖洄游"。产卵洄游是鱼类在发育即将成熟时，沿着它祖辈经过的路线，向着它降生并度过"童年"时期的地方所做的"旅游"。它的最终目的是鱼类的传宗接代。其时间多选在春季，也有些种类选择在秋天。

　　索饵洄游又叫"觅食洄游"。索饵洄游是鱼类为追捕饵料而进行的"旅游"。鱼类的食物主要是浮游生物，但浮游生物随海洋的水流、水温、盐分和营养盐类的成分含有量不同，其生长情况会有差异，有的地方丰富，有的地方就贫乏。这就造成了鱼类食饵分布的不平均，因而有些鱼类在一定时期，常常成群结队地游到食物丰富的地区去寻觅食物。

　　越冬洄游是鱼类为避寒而进行的"旅游"，如同大雁南归一样。在秋末冬初，近海的水温开始下降，鱼类感到寒冷，于是就开始成群结队地向外海较深的水域游去。这个较深的栖息水域，人们叫"越冬场"，鱼类就在这里度过寒冬腊月。

小鱼的长途跋涉

　　人们喜欢旅游，大多数鱼类也都有"旅游"的嗜好，但并不是为了游览和观光。生物学家把鱼类的"旅游"叫作"洄游"，而且根据洄游在生物学上的不同意义，又分为产卵洄游、索饵洄游和越冬洄游。

　　鱼类的洄游不仅给渔民提供了大量捕捞的机会，而且给了科学家以重要的启示。鱼总是成群地游动的，它们的行程甚至长达千百里。小小的鱼儿为什么能在"给养"并不太充分的茫茫大海中长途跋涉呢?科学家经过仔细观察，发现它们有充分利用大自然能源的良方妙法。

　　鱼群集游，大都呈大小相同、两排交错地整齐排列。由于前排两条鱼向前游动，带动了这两条鱼之间的海水，使它形成了一股向前流动的水流。而后排鱼正好置身在这股向前流动的水流中，因此，后排鱼便可以在少消耗能量的情况下，与前排鱼等速前进。再后面的每两排鱼，如第三排与第四排、第五排与第六排……都是这样的关系。所以，整个鱼群中，几乎有一半数量的鱼是处在节约能量的状态下前进的。同时，鱼群在洄游过程中，前后排还可以互相替换（如第一排和第二排互换，第三排和第四排互换……），使整个鱼群处在"劳逸"结合的状态中。鱼群正是利用这个节约能量的妙法来完成长距离洄游的。

海鱼不咸

海水是咸的,为什么生活在海水里的鱼却没有一点咸味呢?海水是咸的,其含盐量很高,约3.5%。海水中含这么多盐,鱼要喝海水,盐分要向鱼体内渗透,海产鱼起码也应该和海水一样咸才对,可实际并不是这样。

原来,生活在海洋里的鱼类及其他一些生物的体内都有自己天然的"海水淡化器",能把海水中的盐去掉,变成所需要的淡水。海龟在爬到岸边繁殖后代时,两眼淌着泪水,但这并不是因疼痛而落泪,而是在排泄体内的盐液。"鳄鱼的眼泪"是盐溶液。海鸥和信天翁等海鸟在喝海水时,把经过淡化的水咽下去,再把盐溶液吐出来。生活在海水中的鱼类虽不具备海龟、鳄鱼和海鸟那样的盐腺,但它们能靠鳃丝上的排盐细胞来排泄盐。这些细胞把海水过滤为淡水的工作效率非常高,即使是世界上最先进的海水淡化装置也望尘莫及。这种高效率工作的细胞,可把血液中多余的盐分及时地排出体外,使鱼体内始终保持适当的低盐分。

另外,有些鱼可以来往于江河湖海之间,如刀鱼、鲥鱼、鳗鱼、鲈鱼,它们或是河中产卵,海中长大,或是海中产卵,河中育肥。它们的特异功能在于鳃片上的过滤细胞可以灵便地运用,随着海水和淡水的环境变化而进行不断调整。

我国海产鱼类

海洋渔业在我国有悠久的历史。在我国广阔的海域中,生长着茂盛的海藻和大量浮游生物,适合海洋鱼类生存,是最理想的渔业环境。沿海寒暖流错综交汇,大陆上很多江河流入海洋,也带来了极丰富的有机物质和营养盐类。再加上,我国的海域都处于温带和亚热带,水温条件很好。所以,沿海海区成为各种鱼类繁殖和生长的良好场所。我国浅海渔场为世界上最大的渔场之一。黄海和东海有"天然鱼仓"之称。

我国海产鱼类1500多种,其中产量较多的鱼类将近200种,包括人们熟悉的大黄鱼、小黄鱼、带鱼、鲥鱼、鲳鱼、鲅鱼、池鱼、鲨鱼以及海鳗等。另外,乌贼、鱿鱼、对虾、蟹、贝类、海藻、海参、海兽、海鸟、海龟、海蛇等海产物品种也很多。在海面还可以捕到一种伞状的,下面具有很多"触手"的腔肠动物,这就是海蜇。加工制成的海蜇皮是人们喜爱的食物。形状像梭子的梭子蟹,北方称为海螃蟹,这种蟹善于游泳又会掘泥沙,常潜伏在浅海底以及港湾、河口等处。

鱼的全身都是宝。鱼油可做润滑油、油漆、肥皂的原料。鱼类的头、尾、骨、内脏可制成鱼粉,做家禽饲料和农业肥料。鱼类的肝脏可以提炼鱼肝油等,在医药上用途很广。

"海岛卫士"信天翁

第二次世界大战时期，美国海军准备在北太平洋中途岛海域的一个荒凉小岛上建立军事基地，他们派了几名侦察兵乘着夜色悄悄地登上该岛侦察情况，不料惊动了岛上的主人——信天翁。顷刻间，这些"海岛卫士"便一哄而起，直到把这些侦察兵全部赶下大海才罢休。夜里登岛未成，只好改在白天继续进行。然而，登岛的士兵还没有到达岸边，成群结队的信天翁便一齐向登岛士兵俯冲，用有力的双翅、锋利的脚爪和长喙拼命地发起攻击，美军的登岛计划又一次落空了。在无可奈何的情况下，美军决定派飞机轰炸该岛，但没想到，他们的轰炸激怒了附近岛屿上的信天翁，它们蜂拥而至，同登陆的士兵展开了"血战"。在无法解围的时候，美军只好动用毒气帮忙。随着漫天的毒烟翻滚，有大批的信天翁被害死。但是，信天翁的反抗并没有就此而停止，后来修筑公路和机场的工兵，必须在高射机枪的火力掩护之下，才能进行作业。

1957 年，美国海军又在中途岛周围的另一个小岛上建立航空基地。这里也有无数的信天翁，美国军方鉴于过去的教训，迟迟难以下手动工修建。后来，美军试图将海鸟从岛上"流放"到远方去，以摆脱它们的干扰。但是，这些海鸟却有着惊人的记忆能力和坚韧不拔的毅力，一旦放到别处，就会很快飞回故乡。

海鸥追逐海轮

　　每当晴空万里,漫游海滨的时候,我们往往会看到银光闪闪的海鸥,展开双翼,非常平稳地跟随着海轮飞翔,仿佛系在轮船上放出的纸鹞一样。海鸥为什么追随海轮飞翔呢?原来,在海轮的上空,有一股特殊的力托住海鸥的身体,使它不用触动翅膀毫不费力地进行翱翔。

　　我们知道,空气流动形成了风。由于大气中的气温差异,造成了空气团(风)的移动,尤其是在大海里,空气团移动过程中,在途中遇上障碍物(如海面上的波浪、海轮和岛屿等),就上升形成一股强大的气流。这种气流科学家把它叫作"动力气流"或"流线气流"。海鸥展开双翅,巧妙地利用这股上升气流,托住了自己的身体,紧紧跟随着海轮上空翱翔,节省了能量,可以飞向远方。

　　另外,海鸥的主要食物是鱼类,当海轮在航行的时候,在船尾激起一簇簇的水花,常常可以把海洋里的鱼翻打上来,这样海鸥觅食就方便多了。

　　海鸥还有一种嗜好,就是喜欢捡拾海员抛弃的残食和动物的尸体,可以称得上大海的"清洁工"。

帝企鹅选中南极

南极洲是一片白茫茫的冰雪世界，气候寒冷、地势高峻、风暴猛烈、景色荒凉。帝企鹅为什么偏偏选中了这块"宝地"呢?原来，帝企鹅是最古老的一种游禽。它们很可能在南极洲未穿上冰甲之前，就已经来这里定居了。它们的主食是甲壳类和软体动物等。南半球陆地少，海洋面宽，可说是水族最繁荣的领域。这块充沛食源地，就成了帝企鹅安家落户的好地方。

这些南极的"老住户"，经过历代暴风雪的磨炼，它们的羽毛，已进化成重叠、密接的鳞片状。这种特殊的"羽被"，不仅海水难以浸透，甚至是零下八九十摄氏度的酷寒，也休想攻破它保温的"防线"。同时，它们的皮下脂肪层特别肥厚，这对维持体温又提供了保证。再加上，南极洲因过于寂寞的缘故，高级生物基本上找不到立足之地，企鹅的"种间斗争"，也不会遇到对手。因此，南极洲自然地形成了一块"与世无争"的安然宝地。无怪乎当考察队或舰队在南极登陆时，帝企鹅不仅不知道害怕，反而结队相迎，对登陆人员表示亲切接待呢!

121

帝企鹅繁殖后代

　　每年6月,南极大陆的漫漫长夜来临的前夕,帝企鹅离开了赖以取食的海洋,蹒跚地在冰上开始了艰难的旅行,它们忍饥挨饿,日夜兼程,向栖息地进发。帝企鹅是在历时一个月的旅途中,寻求配偶的。一旦到达栖息地,雌企鹅生下蛋后转交给雄企鹅,便急匆匆地返回海洋觅食去了。留下来"值班"的雄企鹅真是恪尽职守,它用双脚把蛋捧住,抵住下腹部,并从腹部垂下一部分皮肤把蛋盖住,用体温使蛋保持温暖。七八月的南极,风雪呼啸,遍地寒彻,气温可降至 −50℃以下,雄企鹅就在这样酷寒的环境之中,坚持伫立在冰丛孵蛋,长达62~65天。在此期间,雄企鹅不吃不喝,完全依靠消耗体内储存的脂肪来维持生命。在小企鹅快要出壳时,雌企鹅返回原地,凭声音找到自己的配偶,幼雏移交完毕,雄企鹅便直奔海边饱餐一顿。

　　说到这里,也许读者会提出这样一个问题:为什么帝企鹅不在温暖的夏天下蛋孵雏,却偏要在寒风凛冽的严冬繁殖后代呢?原来,雏鸟在寒冬孵化,直至独立下海约需5个月的时间,这时的南极正值冰雪融化,食料丰盛的夏天,正是小企鹅开始活动的大好时机。看来,"父母"的含辛茹苦对于"子女"成长是必不可少的。

水母能预知风暴

海蜇是一个相当古老的物种，远在5亿多年前古生代的寒武纪，它们就已生活在海洋里了。

现在生存的水母除了海蜇以外，还有很多种，如海月水母、霞水母、尖头水母、高杯水母等。它们的行迹不定，来去无踪，是海洋中的"漂泊世家"。这个大家族具有相似的构造，即身体很像一把撑开的伞，呈圆盘形或钟罩形。靠着内伞外胚层基部肌肉的收缩，伞就一张一合，借此在水中运动。在伞的外缘缺刻处有8~16个感觉器，能感知外界的刺激，以保持身体的平衡。内伞中央是口，口附近有口腕，可将食物送入口中，不能消化的食物仍由口排出体外，因此它们的口兼有肛门的功用。

水母有非常灵敏的"听觉"。原来，在水母的触手上，生有许多小球，小球腔内生有沙砾般的"听石"。这小小的"听石"刺激球壁的神经感受器，就成了水母的听觉。这种奇特的听觉，能听到人耳听不到的8~13赫兹的次声波，就是靠着这种本领，水母居然可以提前十几个小时预知海上风暴的到来。

水母这种神奇的听觉在科学上很有价值。自从仿生学作为一门独立的学科诞生以来，科学家们对水母的听觉器官进行了深入的研究。现在已经有人设计了模拟水母听觉器官的仪器，用来预测风暴。

枪乌贼"懂"力学

枪乌贼又称鱿鱼,是大海中游得最快的动物。看它们的外形,就知道它们善于游泳:菱形的肉质鳍像把尖刀刺开海水,流线型的身体又减少了游泳的阻力。更重要的是,所有的枪乌贼都拥有"火箭推进器"——外套腔,利用喷水原理使身体前进。

枪乌贼的躯干外面包裹着一层囊状的外套膜,外套膜里则是一个叫外套腔的空腔。一旦灌满水,外套腔的人口便扣上了,枪乌贼使劲挤压外套腔,腔内的水没处去,就从颈下漏斗喷出,喷水的反作用力推动枪乌贼向反方向前进。为了使自己获得高速度,枪乌贼在进化过程中,抛弃了沉重的外壳,用轻软的内骨骼支持身体。枪乌贼的游泳速度可达每小时 50 千米,逃命时更高达每小时 150 千米,被誉为"海中的活鱼雷"。

枪乌贼能以两种姿势交替游泳。吃饱了,没有危险,它就用鞭形鳍慢悠悠地划水,身体呈波浪状有规律地前进。遇到危险或捕食时,枪乌贼则将尾部朝前,头和 10 个触手转向尾部,触手紧折在一起,利用喷水方式前进。此时,身体呈优美的阻力最小的流线型。

南大洋的磷虾

磷虾营养相当丰富,干磷虾含蛋白质 60%,鲜磷虾含蛋白质 13%,煮过的湿磷虾含蛋白质 10.9%;磷虾中维生素 B_2、维生素 B_{12}、钙质、烟酸的含量,都比鸡蛋、牛奶要高好多倍,含脂肪量比较低,是人类的比较理想的食物。

南大洋的磷虾为什么有这么大的资源量呢?原来,海洋中所有生物体内贮存的能量都来自海洋植物的光合作用,其中绝大部分来自单细胞的浮游植物。海洋生态学家称这一过程为初级生产。浮游植物又被个体较大的浮游动物,如磷虾所利用,这一转换过程叫作次级生产。然后浮游动物再被个体更大的动物如鱼类利用,即所谓三级、四级生产。自然界的这种食物关系被称为食物链。这种能量传递,每升高一级大约要损失 90%。人类利用的对象如鱼,通常是三级、四级甚至更高级的生产,其最大维持产量只能是初级生产的几千分之一或几万分之一。南极水域的磷虾是能量转换过程中的第二级,加之南大洋食物链远较温带和热带海区简单,大磷虾在次级生产中又独占 50%,因此它的资源量大也就不难理解了。

磷虾是南大洋生态系统中承前继后的核心成员,鱼、头足类、企鹅、海豹、须鲸等直接或间接地以磷虾为食,仅须鲸每年就要消耗 4200 万吨磷虾。

螃蟹横行

据科学家研究,螃蟹原来是向前或向后爬行的。那么,现在为什么横行呢?这与地球磁场的变化有关系。

科学家通过研究地磁历史知道,大约在最近

300万年内,地磁极曾发生过三次方向倒转。这种倒转,改变了螃蟹正常的生活规律,于是它不得不采取另一新的方式赖以生存。螃蟹为什么对地球磁场这样敏感呢?原来,在螃蟹身体内长有定向用的小磁粒,由它产生行动信号。螃蟹经历了多次南北转向,指挥系统受到反复干扰,害得它不知如何是好,最后只好横行。

人类研究和利用地磁的历史也很悠久了。远在春秋战国时期,我国名医扁鹊就开始用天然磁石治病;明代李时珍也把磁石引入《本草纲目》。11世纪末,人们发明指南针并用于航海。至于动物利用地磁定向,更是不胜枚举。信鸽可以在两三千千米以外回老家;北极燕鸥每年都飞到南极过冬,长途跋涉半个地球而不迷途;太平洋的大马哈鱼不远万里赶到黑龙江流域繁衍后代。如果没有地磁导航,恐怕是难以实现的。

126

海龟不迷路

美国科学家马克·格拉斯曼、大卫·欧文等提出：海龟具有气味导航能力。

格拉斯曼和欧文为了证实海龟的气味导航能力做了有趣的实验。他们把一些4个月的小海龟放在一个大木箱里。木箱由4个彼此隔开的小室组成。每室中的水和沙不相同。小室里面分别盛有来自派特尔岛和来自加尔文斯顿岛的水和沙，以及两种人工配成的海水和沙。科学家通过观察并记录海龟进入每个小室的次数和待在小室里的时间和长短，来判断小海龟对不同的海水和沙的喜爱程度。结果发现，12只海龟进入加尔文斯顿岛海水和沙的次数比进入派特尔岛海水和沙的次数多一倍，但它们待在后一小室的时间要比前一小室多一倍。欧文指出，这说明来自两个岛上的海水有相似之处，所以小海龟两个小室都到。但是它们在异域海水里只是探索和寻找什么，似乎它们有一种加尔文斯顿岛海水不对头，而到了派特尔岛才发觉回到家里的感觉。这些小海龟的老家确实是派特尔岛。欧文说，每个海滩都有自己的动植物生命的"生物踪迹"，这种踪迹能提供一种特有的"生态气味"，而正是这种生态气味吸引小海龟，并帮助它们认得回家的路。当然，海龟也可能具有诸如太阳定向、磁场定向等其他的导航能力。

127

鳄鱼的眼泪

　　鳄鱼在吞食牺牲品的时候，要流眼泪。所以人们常常用"鳄鱼的眼泪"来形容那些凶恶而又伪善的人。

　　其实，这鳄鱼的流泪并不表示"悲痛"，而是一种必需的生理排泄。倘若你有机会把鳄鱼的泪水放在嘴里尝一尝，就会感到，其味道苦咸。这泪水正是鳄鱼排出的多余的盐溶液。

　　科学工作者在对海洋生物的考察研究中发现，有些动物的肾脏是不完善的，只靠肾脏不能排出体内多余的盐类。这些动物就发展了帮助肾脏进行工作的特殊腺体。鳄鱼就属于这类动物。它排泄溶液的腺体正好在眼睛附近。所以当它吞食牺牲品时，由于嘴巴张合牵动腺体而排泄盐溶液，竟被误认为"假悲伤"了。类似鳄鱼的这种"流泪"现象，其他一些海洋动物也有。例如海龟，如果你把它捉到陆地上，有时就会发现，在它们身上也找到了像鳄鱼那样的盐腺。此外，像海蛇、海蜥蜴等也有这种盐腺。

　　我们知道，海水含盐量很大。海洋里的动物也是一样，需要喝淡水。对于肾脏不完善的鳄鱼、海龟等来说，排盐腺体就是天然的"海水淡化器"。

珊瑚虫建成海岛

珊瑚虫在海洋动物中，是极为娇嫩的一种。它怕凉，温度低于 20℃ 就不能生存。它不能生活在太深的海水里，80 米以下的海水，由于温度低、压力大，它受不了。必须是在海水的盐度适中而又洁净的地方，它才能很好地生活。珊瑚虫虽然娇嫩，但却十分勤劳，它在广阔的海底建造出了无数的岛屿。

珊瑚虫群居在海洋下面的石质高地里，它们从海水中吸取的食物经过消化后就排泄出石灰质。它们又用这些石灰质做材料，为自己柔软的身体建造一幢幢保护层式的房屋。珊瑚虫的房屋，虽然是一个很小的细管子，可它们愿意把房子建筑在一起，毗邻而居。这样时间长了，它们的子孙越来越多，但它们并不靠老子的遗产，而是另创家业，自己另建新居。群居的珊瑚虫不断重叠地向着海面建筑自己的房屋，建多了就露出了海面。这些建筑年代深远就成了坚石，在波涛汹涌的大海上突出，海水漂来了沙石，海鸟衔来了种子，水中冲来了植物，于是草木生长，海鸟巢居，出现了数千里的陆地，形成了海岛。这就是珊瑚虫联合一起做出的奇迹。据说，在澳大利亚东北海岸，就有周围 3000 多海里的珊瑚礁，这对小小的珊瑚虫来说，该是多么大的建筑工程呀！

大海是天然的"粮仓"

科学家介绍说,目前世界海洋能够提供的食物,要比陆地全部可耕农田所提供的食物多1000倍。那么,海洋中到底有哪些东西可提供给人类当作粮食呢?

首先是鱼类。海洋中的鱼类多达1500多种,鱼肉中含有丰富的蛋白质和脂肪,它所产生的热量不次于日常食用的牛肉、羊肉和猪肉。其次是海藻类,目前海洋中可供人类食用的藻类有70多种,一般分为四大类:蓝绿藻、绿藻、褐藻和红藻。要说营养价值,藻类中蛋白、脂肪和糖的含量比陆地上各种谷物和蔬菜高得多。一些海藻可以加工成半成品,用以制作面包、饼干、糖块及巧克力等,还可以做出几百种美味佳肴和加工成含蛋白质丰富的浓缩食品。海洋中有用之不尽的藻类,在每公顷(1公顷等于1万平方米)的海底上一年就可生产20吨绿藻。

其次,除了鱼类和海藻外,海洋中还有大量的无脊椎动物,如蟹、乌贼、小虾、海参、牡蛎、贻贝、海扇等。虾肉含碘量是牛肉的100倍,还含有30种以上的各种化学元素。海参含有大量的铁、铜、碘、矿物盐和蛋白质。牡蛎肉的营养价值远远高于鲈鱼、鳊鱼和鳕鱼。贻贝肉含有大量人的肌体必不可少的贵重的化学元素,其中钴占首位。而海扇除蛋白和糖外,还含B类维生素和大量矿物盐。

珍珠的生成

每当提起珍珠,人们就会产生一种珍贵之感。珍珠之珍,不仅因为它外表晶莹绚丽,熠熠闪光,更重要的是,它具有很大的使用价值。

珍珠是怎样生成的呢?原来海贝或河蚌当遭到沙粒或小虫的入侵,并嵌入其软体时,贝壳动物就排出一种分泌物将刺激源(沙粒或小虫)一层又一层地紧包起来,形成一颗小圆珠,从而生成了天然珍珠。难怪有人说,珍珠是贝壳动物"在无可奈何的情况下生产的东西"。

自然界中,天然珍珠毕竟稀少。因此人们在研究清楚珍珠的产生过程后,试验人工育珠。人工培育的彩色珍珠,比染色珍珠更为自然绚丽。人工养殖的夜明珍珠,白天珠光闪耀,夜间发出荧光,把古代某些神话传说也变成了现实。

我国珍珠资源非常丰富。世界上作为珍珠母体的大珠母贝、合浦珠母贝、企鹅珍珠贝等,在我国南海都有分布。南海热带、亚热带海湾众多,适宜这些珍珠贝类的繁殖和生长,特别是这里的合浦珠母贝和大珠母贝的生长速度比日本沿海快,生产周期也较短,就为我国更快更好地发展海洋养殖珍珠提供了有利条件。

开发"海上粮仓"

　　辽阔的海洋不仅是矿产资源的宝库，也是人类最大的食物仓库。目前，开发和利用海洋生物资源的新途径有三种方法。

　　第一种方法是，在沿海沼泽地带建设池塘，养殖非食肉性鱼类。这种方法主要养殖鲻鱼和遮目鱼。鲻鱼的养殖我国早已开始试验，并取得了很多经验。遮目鱼的人工养殖业在我国台湾地区最发达，现在每公顷产量达 2000 千克，居世界第一位。遮目鱼个体较大，成鱼体长 1.5 米，重 15 千克左右，具有生长快，病害少，肉味鲜美等优点，是人工养殖较为理想的鱼种之一。

　　第二种方法是采用网箱式和放牧式养肉食鱼类。以放牧式最有前途。这种方法是先把小鱼放在特定环境里养育，并且用一种声音信号或者化学药物刺激鱼苗，使它们产生条件反射，然后再把小鱼放在大海里去自由觅食，等鱼长得个大肉肥时，再在规定的环境里发出信号或施放化学药品，放牧的鱼就会自行游过来。

　　第三种方法是在港湾和沿海水域进行放养种鱼苗，让其自行生长，人为地提高重要的地方性经济鱼类的资源补充量。目前放养鲑鱼已取得成功。我国有漫长的海岸线，有广大的滩涂海域，有广阔的大陆架，而且气候温和，海水营养丰富，多海湾，适合于造池养鱼、养虾、养蟹、养蚌等，养殖前景十分广阔。

海水平面会上升

世界上许多科学家在对过去 100 多年地球冰川的测试中，都证实了地球在变暖，使陆上的冰河和极地的冰层都有所消融。这样，海洋的含水量增加了，海水平面就上升了，陆地也就相对"下沉"了。我国气象专家指出：近百年来，全球气候在波动的过程中趋于变暖，估计在未来几十年里，地面气温仍不会改变这种趋势，地球变暖的直接原因，是大气中聚集的二氧化碳等气体迅速增多。二氧化碳使太阳光不受干扰地照射到地球表面，而地球反射的热却散不出去。这也就是"温室效应"。统计表明，19 世纪大气中二氧化碳的含量为 265%，而现在已达到 340%，预计到 21 世纪中期，还将增加一倍。那么，为什么大气中二氧化碳等气体的含量会不断增加呢？这就得归咎于人类自己，一方面，人类在进入工业社会后，大量使用矿物质做能源，它在燃烧过程中放出大量的二氧化碳等气体；另一方面，人类又对能吸收二氧化碳并能放出氧气的森林资源进行破坏，乱砍滥伐，毁林等。

由于人类对环境过去没有给予应有的保护，而促使地球变暖。科学家们预计，在未来 50 年间，海水平面可能会再升 30 多厘米。有的科学家认为，100 年后，海平面可能升高 5～10 米。

海水上升危害多

海岸侵蚀加强。海平面上升，将会改变海岸带剖面的重新塑造和调整，潮间带上部产生侵蚀过程。在过去几十年中，全球大部分沙质海岸处在侵蚀后退之中，海平面上升是一个重要原因。

灾害性风暴潮频率增大。20 世纪 80 年代以来，热带气旋（台风）有北移趋势，影响沿海地区的风暴潮已波及江、浙、沪乃至鲁、冀等省市。

沿海低地将沦为沼泽地。我国沿海低地平原分布广泛，倘若海面上升，这些低洼地都将沦为沼泽地。

海洋资源损失。我国海涂面积宽广，是发展养殖业、水产业、海洋渔业、盐业、旅游业以及围垦新地的极好的自然资源，海平面上升将大幅度减少现海堤外侧的滩涂资源。

河口盐水人侵。海平面上升势必使海洋动力作用范围自陆地延伸，盐水随着人侵，沿河上溯，向上游方向纵深扩展，引起河口区水质严重恶化，对生产、生活用水造成严重影响。地下盐水人侵。地下水水位与海平面持平或低于海平面，是造成地下盐水人侵的根本原因。

沿海平原河道淤积增强。海平面上升，给城市的排污、排涝带来了困难。

赤　潮

　　赤潮通常是反映水体受到"富营养化"污染的一种自然现象。主要原因是，当水体中进入大量的有机物和氮、磷、铁、锰等元素时，明显地增加了水生生物，尤其是浮游生物生存和繁殖所必需的有机营养物质，再加上适宜的水文、气象等条件，促使某些浮游生物骤然大量繁殖起来，结果，使海水也随着显现了这种生物所特有的色彩。这种过量增加的浮游生物，叫作"赤潮生物"。

　　当赤潮生物急剧繁殖之时，由于水体中有限的溶解氧被消耗，造成其他水生生物无法生存，只好逃遁或死亡；当赤潮生物过量时，其本身也无法存活。更为严重的是，赤潮生物往往还能产生某种毒害物质，致使水体更加恶化，使水产捕捞和海产养殖业受到极大破坏。

　　赤潮大都是由于附近都市向海里大量排泄污水而造成的。陆区排泄的大量有机物、氮磷等，为赤潮的发生孕育了必要条件。再加上气温偏高，风平浪静，构成了赤潮的适宜环境。容易发生赤潮的赤潮生物，已发现有20多种。因其各自色彩不同，所显示的赤潮颜色各异。例如，双甲藻的赤潮为铁锈红色，堪称名副其实的"红潮"。

海洋调查

要开发利用海洋资源,就要对海洋进行科学调查。

海洋是一个巨大的资源宝库,仅鱼类就有2.5万多种。据估计,在不破坏生态平衡的情况下,海洋每年可提供30亿吨水产品,至少够现在10倍的世界人口食用。更使人感兴趣的是,海底埋藏着大量的石油、天然气、煤田和铁矿。地球上的石油,有近半数埋在海底。海底还覆盖着一层经济价值很高的锰矿球,总储量约3亿吨,内含锰、铜、铁、镍、钴等30多种金属和稀有元素,有的含量约为陆地的上千倍。制造原子弹的原料——铀,海洋里有40多亿吨,比陆地上多4000倍。

海洋调查不仅具有重大的经济意义,而且还有重要的军事价值。在海上作战受自然条件的影响比陆地要大得多,暴风和巨浪可以卷翻船只;选择高潮时刻登陆,可以缩短滩头距离;顺风流而下,可大大加快船速;茫茫的海雾,利用它隐蔽自己,待机破敌。更重要的是,由于水温随深度的变化而产生的密度跃层,潜艇可以停在上面,既节省燃料,又安全可靠,可以被称为柔软的"液体海底"。若潜艇藏在跃层下面,因为声波不容易通过跃层,就可以躲过敌人声呐的追索等。

深海潜水的障碍

深海潜水的主要障碍有三个：高压气体中毒问题，高压气体的呼吸阻力问题和高压力的生理效应问题。

在海水里每下潜 10 米，水的压力大约增大一个大气压。为了对抗这个高压，使人体不被压扁，就得呼吸高压气体使人体内外压力均等。可是到目前为止已经知道的各种气体来说，还没有一种气体在高压之下对人体是完全无害的，这就构成了所谓"高压气体中毒"问题。有人估计，由于呼吸阻力增大而造成生命活动困难的深度极限，可能处在 700～1500 米范围之内。不过假如能设计出一种能够帮助呼吸的装置，使得呼吸阻力减小，那么就有可能突破这一界限，从而能到 1000～1500 米深度，在那里也许会再次遇到高压氮气所引起的某种神经症状，再次限制了人们超过这一深度，那么也许需要通过进一步调节呼吸气体成分等方法突破这一障碍，而使潜水深度进一步加深。

即使这些障碍都设法突破了，人们在深海里也会遇到一个很难逾越的"关卡"，那就是上面说过的第三个障碍——高压力生理效应。高压力生理效应在生物学上的表现并不罕见。对于人来说，在很高压力之下很难生存，估计生命的限度也许在 200～600 大气压之间，这么推算，人的深潜限度应该在 6000 米左右。

海水压力

　　1520 年,航海家麦哲伦,曾经用测深绳去探测太平洋叨摩群岛附近的深度。当时,他一连放下 6 根测深绳,还没有碰到海底。后来发明了回声测深仪,人们就可以很方便地去探测海洋的深度。利用回声测深仪探测水深,不但准确,而且迅速,1 万米深的海洋,声波往返一次不到 14 秒。

　　世界上第一次潜入 9000 米以上深海沟的是瑞士的札克·比卡尔和美国的华尔什。他们乘着"里亚斯特"号深潜艇,向世界最深的海沟—太平洋马里亚纳海沟进军。当深潜艇潜到 900 米深的地方,船窗突然吱吱一响,艇身出现了裂纹。在万分紧急的情况下,两位勇敢的探险家,冒着深海高压的危险,继续下潜,经过两小时,终于潜到 1.1 万多米深的深海沟。这时,整个深潜艇上受到的高压竟达 15 万吨。出水后,他检查了一下,发现深潜艇的直径被压缩了 1.5 毫米。

　　在向深海进军的道路上,遇到的最大障碍是巨大的海水压力。因为海水的压力是随着海洋的深度增加的,水越深,压力就越大。从气压表上可以看出:水深每增加 10 米,就增加一个大气压。有人计算过,在水深 1 万米的地方,加在每一平方米面积上的压力可达 1 万吨。

潜水员的呼吸

我们在大气中生活只受到大气压强的作用。在海平面，大气压强为 760 毫米汞柱，即 1 千克力／平方厘米，称为一个大气压。可是，人潜入水下，除大气压强外，又受静水压强的影响。就拿海水来说吧，深度每下潜 10 米，就增加一个大气压的静水压。这样，人在 100 米深处所受的静水压强为每平方厘米 10 千克力；在 200 米深处为每平方厘米 20 千克力；以此类推。海洋最深的地方是 11521 米，那里的静水压达到每平方厘米 1150 千克力。身体的压强增大，体积便缩小；压强增加几倍，体积便缩小几倍。在 100 米深处，那里的压强(大气压加静水压)为空气中的 11 倍，如果不考虑胸廓的支撑力，那么肺的体积就要缩小到原本的十分之一。因此，潜水员在水中由于胸廓受压呼吸一个大气压的空气是不行的。

那么，怎样才能在水下维持正常的呼吸功能呢?唯一的方法是使潜水员肺中气体的压强和外界压强相等。这样，肺不仅能保持原来的体积，而且呼吸肌也能正常工作。这就是潜水员必须呼吸压缩气体的原因。压缩气体可以由水面人员通过管道供给，也可以把它装在小钢瓶里由潜水员自己携带。

向大海要地

源远流长的长江带来的巨量泥沙，造成了3万平方千米的肥沃的三角洲，使上海拔海而出。至今，长江每年还把5亿吨泥沙输入东海。如果这5亿吨泥沙全部淤积成陆，每年可造出土层厚3米的土地100平方千米。当然，实际沉

积量不会这么多。但同世界各大河口相比，长江口泥沙的沉积速度是很高的，估计约有70%堆积在河口区附近。现在，长江口门的陆地平均每40年左右延伸1千米。1000多年来，口门宽已从180千米缩为90千米。至于边滩发育、沙洲并岸、河槽束狭的趋势更为显著。

长江所携带的泥沙，不仅颗粒细小，还富含有机质，是一种很肥腴的成土母质。据测定，其含氮值大于世界河口的泥沙平均含氮值的9倍。因此，如果能把这些泥沙堆淤成陆，将是一片天然的沃野。这样，不仅能提供新地，还能减轻长江航道的回淤，有利于航道的疏浚和畅通。

口外浅滩是长江口有可围垦前景的主要地带，如崇明东滩、横沙东滩、九段沙、南江边滩等都有潜力可挖。不利因素是风浪较大，细物质不易停积。如采取设立网坝、布浮球阵等消浪缓流的措施，能使波能衰减，让细物质停积，至一定高度后，再栽以植物，促进淤涨，就能围垦成地。

海洋工程

海洋工程在第四次技术革命中已成为正在兴起的四大产业之一。

海洋工程包括：海洋自然资源利用，如海洋矿产资源、水产资源的利用；海洋空间资源利用，如海上飞机场和海上城市、海面和水下工厂；海洋能源利用，如潮汐发电、波浪发电、温差发电等。

现在人们首先想到的是发展海洋养殖业，种植海洋作物、养鱼，使海洋成为人们主要的蛋白质产地。鱼从繁殖到育成、捕捞，都用科学的方法，借助于电子计算机和电子监控系统去完成。

用科学的方法种植海生植物，如藻类。从这些人工培植的海藻中，可以提取人类食用和畜类用的蛋白质，也可以炼出工业用的液体燃料。

海洋采矿是海洋工程的重要项目，目前主要是大陆架近海油气资源的开发。此外，大洋深处还有一种称为锰结核的矿物，含镍、铜、钴、锰等20多种金属，品位极高，储量有数十亿吨之多。

海水中还包含了同陆上同样的、大量的无机资源，为化工工业提供了取之不尽的原料。海水另一个重要用途是为人类提供丰富的水源。

未来的海洋前景

海洋中繁衍着无数生物。有人估计,海生动物超过 15 万种,海生植物仅藻类就有 10 万种以上。一些海洋国家不仅努力发展近海渔场,向深海远洋进军,而且致力于应用现代科学技术,发展"海洋农牧业"。

海底的面积大约相当于大陆面积的 2 倍。它蕴藏着许多宝贵的矿物资源。如海底石油,估计储量约占世界总储量的 30%。目前,世界石油总产量 50%左右来自海洋。另一种重要的海底矿产是锰结核。

人们已经发现,海水中溶解了钠、氯、镁、溴、碘、钾、铀等 80 多种元素,有 70 多种可供提取,这就是海中化学资源。海水里铀的储量有45 亿吨,是陆地储量的 4000 倍!它是一种重要的核燃料。就连海水本身也是宝贵的水资源,现在,世界上有十几个国家在搞海水淡化。

海洋潮汐涨落,波浪起伏,巨大的海流日夜进行,其中都蕴藏着巨大的功能。世界海洋中的潮汐能估计有 10 亿多千瓦,绝大部分分布在窄浅的海峡、海湾和一些河口区,用来发电,每年可以得到 1.24 万亿度电。

为了保证海洋开发的顺利进行,各国都在加强海洋水文气象观测和预报。在不远的将来,地球上将会出现一个现代化的海洋水文气象警戒体系。